全国电力行业"十四五"规划教材

U0149594

房屋建筑学

主　编　赵庆双

副主编　杨秀英　董　慧　李慧勇

参　编　田忠喜　汤美安　张保良　孙胜男

　　　　倪振强　薛明琛　金　杰　陈　霞

主　审　王　钢

中国电力出版社

CHINA ELECTRIC POWER PRESS

内 容 提 要

本书基于"课程思政"与专业教学协同设计，共13章，阐述民用建筑设计原理、民用建筑构造、工业建筑设计。全书突出思政特色，将价值塑造、知识传授和能力培养融为一体，方便教师进行"课程思政"教学，可配合慕课、翻转课堂等教学模式和任务驱动、项目导向等教学方法的实施，图文并茂、形象生动，可操作性强。

本书可作为普通高等院校土木类相关专业房屋建筑学课程教材和教学用书，也可供从事建筑设计与建筑施工的技术人员和土建专业成人高等教育师生参考。

图书在版编目（CIP）数据

房屋建筑学 / 赵庆双主编．—北京：中国电力出版社，2021.11（2023.2 重印）
ISBN 978-7-5198-6152-0

Ⅰ．①房… Ⅱ．①赵… Ⅲ．①房屋建筑学－高等学校－教材 Ⅳ．① TU22

中国版本图书馆 CIP 数据核字（2021）第 230129 号

出版发行：中国电力出版社
地　　址：北京市东城区北京站西街 19 号（邮政编码 100005）
网　　址：http://www.cepp.sgcc.com.cn
责任编辑：霍文婵　郑晓萌
责任校对：王小鹏
装帧设计：郝晓燕
责任印制：吴　迪

印　　刷：三河市万龙印装有限公司
版　　次：2021 年 11 月第一版
印　　次：2023 年 2 月北京第二次印刷
开　　本：787 毫米 ×1092 毫米　16 开本
印　　张：12.75
字　　数：320 千字
定　　价：68.00 元

前　言

本书拓展资源

为贯彻教育部《高等学校课程思政建设指导纲要》，依据《教育部关于加快建设高水平本科教育全面提高人才培养能力的意见》，在课程教学中落实立德树人根本任务，将价值塑造、知识传授和能力培养三者融为一体，使马克思主义立场观点方法的教育与科学精神的培养相结合，本书围绕土木类专业的人才培养目标，遵循学生认知发展规律，适应"课程思政"教学改革发展需求，挖掘专业故事，提炼课程思政因素，合理取舍教学内容而编写的基于"课程思政"与专业教学协同设计的《房屋建筑学》教材。

本书改变传统教学模式，突出思政特色。编者根据课程内容的不同特点设计"课程思政"和专业知识的协同融合，既能有助于实现"全员育人、全过程育人、全方位育人"的理念，还把思政内容融合于专业知识体系中，彻底解决"课程思政"与专业教学"两张皮"的问题，方便教师进行"课程思政"教学，助推"课程思政"教学模式的创新。

本书探索教材新结构，增强教学过程的实践性、开放性和职业性，融"教、学、做"为一体，能够服务慕课、翻转课堂等教学模式，配合任务驱动、项目导向等教学方法的实施，把教材教法有机结合，可促进教师教育素养提高，具有较强的可操作性。

本书突出理论的应用性和针对性，内容上实现理论与实践紧密结合，形式上图文并茂、形象生动，既能增强学生的学习兴趣，培养学生的实践能力、创新能力，又强化学生工程伦理教育，培养学生精益求精的大国工匠精神，激发学生科技报国的家国情怀和使命担当。

全书共13章，第一～四章主要阐述民用建筑设计原理，包括建筑平面设计、建筑剖面设计、建筑体型及立面设计；第五～十章主要阐述民用建筑构造原理，涉及构造概述、墙体、基础、楼板、楼梯、屋顶、门窗等内容；第十一～十三章为工业建筑概述、单层工业厂房和多层工业厂房。

本书适用于土木类专业或者其他相近专业，可作为全日制应用型大学及高（中）等学校土木工程、工程管理、工程造价、给排水、暖通等专业房屋建筑学课程教材和教学参考书，也可供从事建筑设计与建筑施工的技术人员和土建专业成人高等教育师生参考。

本书编写分工：赵庆双编写第一章、第二章、第三章、第四章，汤美安、孙胜男编写第五章，张保良编写第六章，董慧编写第七章、第八章，倪振强编写第九章，田忠喜编写第十章，李慧勇编写第十一章，杨秀英编写第十二章、第十三章。薛明琛、金杰、陈霞负责图表、数字资源及文字校对工作。全书由赵庆双修改定稿，由王钢主审。

本书得到了山东省本科教学改革研究立项项目面上项目（P2020013）、山东省研究生教育质量提升计划项目（SDYJG19062、SDYY16102、SDYJG21197）、聊城大学校级规划教材建设项目（JC202105）、聊城大学课程思政示范课程（XSK2021001）、中国成人教育协会"十四五"成人继续教育科研规划课题（2021-022Y）、聊城大学课程思政教学改革研究项目（G202064）、教育部产学研项目（311161841）、聊城大学教改项目（G201906、G202124、G202107Z）、聊城大学科研基金立项（318011901、318012014）的支持。

由于时间仓促及编者水平有限，书中难免存在不足，恳请有关专家及广大读者批评指正。

编　者

2021 年 10 月

目　录

第一章　民用建筑设计概述

（一）总体目标

通过本章的学习，使学生了解建筑的产生和发展，理解建筑的构成要素，掌握民用建筑的分类、建筑模数协调统一标准，熟悉建筑设计的内容和过程，感知建筑设计的要求和依据，为课程学习奠定基础。通过建筑发展的悠久历史和著名建筑案例，激发学生对专业的热爱和学习激情，增强民族自豪感。

（二）具体目标

1. 知识目标

（1）了解建筑发展史。

（2）了解民用建筑设计的依据、程序和主要设计文件内容。

（3）理解建筑设计的基本要求和方法。

（4）理解建筑构成要素、建筑方针。

（5）掌握建筑的分类、分级及划分原则。

（6）掌握建筑模数协调统一标准。

2. 能力目标

（1）能够根据建筑的分类标准，准确划分建筑类别。

（2）能够结合建筑物的级别划分原则确定实际工程的级别。

（3）结合国家建筑标准化的发展要求，理解模数的概念及应用，能区分及标注标准化尺寸，选择标准化构件。

3. 素质目标

（1）激发学生对专业的热爱和学习激情，提升学生专业认同感。

（2）以中国建筑发展举世瞩目的光辉成就增强学生民族自豪感。

（一）重点

（1）建筑的分类、分级及划分原则。

（2）建筑物的模数协调统一标准。

（3）建筑设计的内容和设计阶段的划分。

（二） 难点

（1）建筑的分类、分级。

（2）建筑物的模数协调统一标准。

教 学 策 略

本章是房屋建筑学课程的第一章，起着承前启后的重要作用，教学内容涉及面广，专业性较强。建筑的分类、分级和建筑物的模数协调统一标准是本章教学的重点和难点。为激发学生学习兴趣，帮助学生树立专业学习的自信心，采取"课前引导—课中教学互动—技能训练—课后拓展"的教学策略。

（一） 课前引导

提前介入学生学习过程，要求学生复习土木工程制图、土木工程材料等前期学过的专业基础课程并进行测试，为课程学习进行知识储备。

（二） 课中教学互动

课堂教学教师讲解中以提问、讨论等增加教和学的互动，拉近教师和学生的心理距离，把专业教学和情感培育有机结合。

（三） 技能训练

引导学生运用课堂所学专业知识解决实际问题，培育学生实践能力。

（四） 课后拓展

引导学生自主学习与本课程相关的其他专业知识，既可以培养学生自主学习的能力，又可以为进一步开展课程学习的顺利进行提供保障。

教 学 设 计

（一） 教学准备

1. 情感准备

与学生沟通，了解学情，鼓励学生，增进感情。

2. 知识准备

复习："土木工程制图"中的绘制建筑施工图。

预习：民用建筑设计概述内容。

（二） 教学架构

建筑的分类、分级及划分原则
建筑物的模数协调统一标准
建筑设计的内容和设计阶段的划分

专业培养　思政教育

专业认同感
民族自豪感
自主学习能力

（三）实操训练

完成论文《民用建筑赏析》。

（四）思政教育

根据授课内容，本章主要在专业认同感、民族自豪感、自主学习能力三个方面开展思政教育。

（五）教学方法

多媒体教学、线上线下混合式、小组学习、互动讨论等。

（六）效果评价

建议采用注重学生全方位能力评价的集"自我评价＋团队评价＋课堂表现＋教师评价＋自我反馈评价"于一体的评价方法。同时引导学生自我纠错、自主成长并进行学习激励，激发学生学习的主观能动性。

（七）学时建议

2/48（本章建议学时/课程总学时48学时）。

教学过程及内容

（一）课前引导

1. 课前复习

"土木工程制图"中的绘制建筑施工图。

2. 课前预习

民用建筑设计概述的内容。

（二）课程导入

以火神山、雷神山的工程案例导入课程，使学生体会祖国的凝聚力与制度优势，增强作为一名工程建设者的社会责任感，激发学生的学习动力。

第一节 建筑的产生和发展

建筑是指人类为满足日常生活和社会活动而建造的，也是世界上体量最大、使用年限最长、与人们生产生活和社会活动关系十分密切的人工产品，经历了漫长的发展历程。

一、原始社会的建筑

在原始社会，人类为了避寒暑、防风雨、抵御野兽的侵袭，利用简单的工具，开始架木为巢或洞穴而居，称为巢居或穴居；5000年前的新石器时代，人类对房屋的建造技术已积累了相当的经验，形成了一定的规模，许多地区已有村落的雏形出现。

二、奴隶社会的建筑

夏代和商代是中国古建筑体系的萌芽期，考古发现夯土筑城遗址，形成中国传统建筑的基本空间构成要素（廊院）；周代和春秋战国时期，中国古代建筑体系已初步形成。

火神山、雷神山

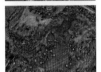

2020年1月，仿照非典时期"小汤山"的医院模式，这两所应急专科医院拔地而起。10天时间，从设计到交工，"两山"医院建设展现了世界第一的中国速度。这也是祖国的凝聚力与制度优势的完美体现。

原始社会建筑之西安半坡氏族遗址

胡夫金字塔

帕提农神庙

古罗马斗兽场

古埃及建筑。金字塔，阿拉伯文意为"方锥体"，它是一种方底，尖顶的石砌建筑物，是古代埃及帝王的陵墓。迄今发现的金字塔共约 80 座，其中最大的是以高耸巍峨而被称为古代世界七大奇迹之首的胡夫大金字塔。在 1889 年巴黎埃菲尔铁塔落成前的 4000 多年的漫长岁月中，胡夫大金字塔一直是世界上最高的建筑物。金字塔以其高大、沉重、稳定、简洁的形象屹立在一望无垠的沙漠上，历时近 5000 年，充分体现了古代劳动人民的聪明才智。

古希腊建筑。欧洲建筑的起源。在公元前五世纪，雅典在大规模建设中，除神庙外已有剧场、议事厅等公共建筑。雅典卫城的帕提农神庙代表着希腊多立克柱式的最高成就。公元前六世纪，古希腊建筑构件的形式、比例和相互组合已经相当稳定，有了成套定型的做法，后被称为"柱式"。

古罗马建筑。古罗马建筑是古罗马人继承古希腊建筑成就，在建筑形制、技术和艺术方面广泛创新的一种建筑风格，在公元一～三世纪为极盛时期，达到西方古代建筑的高峰。古罗马建筑的类型很多，有罗马万神庙、维纳斯和罗马庙等宗教建筑，也有皇宫、剧场角斗场、浴场及广场等公共建筑。古罗马世俗建筑的形制相当成熟，与功能结合得很好。例如，罗马帝国各地的大型剧场，观众席平面呈半圆形，逐排升起，以纵过道为主、横过道为辅，已与现代大型演出性建筑物的基本形制相似。古罗马建筑使用了强度高、施工方便、价格便宜的火山灰混凝土，约在公元前二世纪，这种混凝土成为独立的建筑材料，到公元前一世纪，几乎完全代替石材，用于建筑拱券，也用于筑墙，开拓了新的建筑艺术领域，丰富了建筑艺术手法。

三、封建社会的建筑

中国封建社会从战国到清朝，经历了 2400 多年漫长的岁月，中国古建筑逐步形成了自身独特的体系，并集中体现在寺庙、宫殿、佛塔、陵墓、园林建筑中。

万里长城

秦代和汉代建筑。中国建筑艺术发展的第一个高峰。两代建筑体制宏伟，博大雄浑。阿房宫、始皇陵、万里长城、汉长安城、建章宫等集中了全国的巧匠和良材，使各种不同的建筑形式和不同的技术经验得到了融合和发展。

隋唐时期建筑。中国建筑发展成熟的时期，在继承汉代建筑成就的基础上，吸收、融合了外来建筑文化的影响，形成了唐代完整的建筑体系。在皇宫建筑方面，隋唐兴建的长安城是中国古代最宏大的城市，唐代增建的大明宫，特别是其中的含元殿，气势恢宏而高大雄壮，充分体现了大唐盛世的时代精神。在宗教建筑方面，以佛塔为主，如玄奘塔、香积寺塔、大雁塔等。

山西应县
佛宫寺释迦塔

宋代建筑。规模比较小，屋面开始变陡，大量出现楼阁式建筑，尤以寺庙建筑中盛行，代表作有山西太原晋祠圣母殿，建于北宋时期。圣母殿采用"减柱法"营造，殿内外共减 16 根柱子，以廊柱和檐柱承托殿顶屋架，因此，殿前廊和殿内十分宽敞。"减柱法"的熟练使用，说明宋代在建筑上已进一步掌握了力学原理；斗拱和柱高的比例适当，避免了隋唐时期建筑中用料的浪费，在建筑式样上也更富于艺术性。圣母殿殿内无柱，不但增加了高大神龛中圣母的威严，而且为设置塑像提供了很好的条件，堪称中国建筑史上的丰碑。

元代建筑。基本上沿袭了宋代建筑的特点。

明、清两代建筑。中国古代建筑发展的最后一个高潮，也是走向衰落的开始。皇宫建筑规划严整，严格按礼制要求布局。北京故宫是完整保存下来的明清宫殿建筑群。坛庙建筑发展到最高水平，北京天坛是明清坛庙建筑，也是整个中国坛庙建筑艺术的最高峰，清代的圆明园、颐和园、避暑山庄等都是中国建筑的瑰宝。

北京故宫

欧洲的封建制度是在古罗马帝国的废墟上建立起来的。作为古罗马建筑的发展，形成了 12～15 世纪以法国为中心、以天主教堂为代表的哥特式建筑。哥特式建筑采用骨架拱肋结构，使拱顶重量大为减轻，侧向推力随之减小，这在当时是一项伟大创举。由于采用新的结构体系，垂直直线型的拱肋几乎占据了建筑内部的所有部位，再加上拱的上端和建筑细部都处理成尖形，同时采用彩色玻璃，反映了中世纪手工业水平的提高和封建教会追求神秘气氛的意图。

巴黎圣母院

14 世纪，从意大利首先开始了"文艺复兴运动"，标志着资本主义萌芽时期的到来。这一时期的建筑在造型上排斥象征神权至上的哥特式建筑风格，提倡复兴古罗马时期的建筑形式，建筑类型、建筑形制、建筑形式都比以前增多了。建筑师在创作中既体现统一的时代风格，又十分重视表现自己的艺术个性，是世界建筑史上一个大发展和大提高的时期。

四、近现代建筑的形成与发展

17～19 世纪，在资产阶级取得政权的最初年代里，欧美各地先后兴起过希腊复兴和罗马复兴的浪潮，建筑仍用古典建筑形式。例如，美国的国会大厦就是罗马复兴的实例。19 世纪末到 20 世纪初，西方世界生产力急剧发展，技术飞速进步，出现了各式各样的工业建筑、公共建筑。由于新的建筑类型功能要求的复杂化与多样化，加之新材料的广泛应用，古典建筑形式已不能适应新的建筑内容，在欧美各国开始了探索新建筑运动，主张革新，反对复古主义和折衷主义的建筑风格。

在建筑技术方面，西方建筑最早是以石料为主，也用砖瓦和木料，但历时变化不大。到了 19 世纪中期，建筑中开始使用钢铁；19 世纪末期，出现了硅酸盐水泥，开始使用混凝土和钢筋混凝土，并发明了电梯。20 世纪以来，铝、塑料陆续登上了建筑舞台，玻璃的品种和质量不断提高与改善，在建筑中的用途更加广泛。随着建筑材料的发展，新结构不断涌现，如薄壳结构、折板结构、悬索结构、网架结构、筒体结构等，从而为大跨度建筑和高层建筑提供了物质技术条件。例如，建于芝加哥的希尔斯大厦（1970～1974 年），建筑地面以上 110 层，总高为 443m，是当时世界上的最高建筑。又如，著名的悉尼歌剧院等也是这一时期的世界优秀建筑作品。

希尔斯大厦

1840 年鸦片战争后，中国沦为半殖民地半封建社会。在帝国主义侵略的环境下，西方建筑文化也同时传入中国，并产生了极大影响。在 1949 年前百余年间的建设中，处处显示出入侵国建筑文化输入的痕迹，特别是在外国租界地

中的影响最为深刻，如上海、天津、广州等许多城市，兼容了东西方入侵国的建筑群体，如同世界建筑"展览"，成为这些城市中的特殊景观。

1949年后，随着经济的发展，建设事业取得了相应成就。1959年，在北京仅用10个月建成了人民大会堂、民族文化宫等十大工程，作为向新中国成立十周年的献礼。其规模之大、质量之高、速度之快，在当时使世人惊叹，为国人自豪。在随后的年代里，全国各地的住宅、公共建筑、工业建筑和城市建设的各个方面，都取得了光辉的成就。

第二节　建筑构成的基本要素

构成建筑的基本要素是建筑功能、建筑技术和建筑形象。

我国的建筑方针是适用、安全、经济、美观。

一、建筑的分类

1. 按使用功能分类

（1）民用建筑。按照使用功能又分为居住建筑（如住宅、公寓、宿舍）和公共建筑（如办公、文教、商业建筑）。

（2）工业建筑。

（3）农业建筑。

2. 按主要承重结构材料分类

（1）砖木结构。

（2）砖混结构。

（3）钢筋混凝土结构。

（4）钢结构。

（5）钢＋钢筋混凝土组合结构。

（6）其他结构。

3. 按层数或高度分类

（1）居住建筑按层数分类：1～3层为低层建筑，4～6层为多层建筑，7～9层为中高层建筑，10层及10层以上为高层建筑。

（2）公共建筑按高度分类：建筑高度不超过24m的公共建筑和建筑高度不超过24m的单层公共建筑为普通建筑；建筑高度超过24m的公共建筑（不包括单层主体建筑）为高层建筑；建筑高度超过100m的民用建筑为超高层建筑。

4. 按规模数量分类

（1）大量性建筑。指量大面广，与生活生产密不可分的建筑。

（2）大型性建筑。指规模宏大的建筑。

二、建筑的防火性能

为了提高建筑对火灾的抵抗能力，在建筑构造上采取措施对控制火灾的发生和蔓延就显得非常重要。《建筑设计防火规范》（GB 50016－2014）根据建筑材料和构件的燃烧性能及耐火极限，把建筑的耐火等级分为四级。

耐火极限是指对任一建筑构件按时间-温度标准曲线进行耐火试验，从受到

国家体育场

中央电视台总部大楼

建筑构成要素

火的作用时起，到失去支持能力或完整性破坏，或失去隔火作用时止的这段时间，用小时（h）表示。失去支持能力是指构件自身解体或垮塌。梁、楼板等受弯承重构件，挠曲速率发生突变是失去支持能力的象征。完整性破坏是指楼板、隔墙等具有分隔作用的构件，在试验中出现穿透裂缝或较大的孔隙。失去隔火作用是指具有分隔作用的构件在试验中背火面测温点测得平均温度达到140℃（不包括背火面的起始温度），或背火面测温点中任意一点的温度达到180℃，或不考虑起始温度的情况下背火面任一测点的温度达到220℃。

建筑构件出现上述现象之一，就认为其达到了耐火极限。

复习：建筑构件按照燃烧性能分成非燃烧体（或称不燃烧体）、难燃烧体和燃烧体。

第三节　建筑模数协调统一标准

一、建筑标准化

建筑标准化主要包括两个方面：首先是应制定各种法规、规范、标准和指标，使设计有章可循；其次是在诸如住宅等大型性建筑的设计中推行标准化设计。标准化设计可以借助国家或地区通用的标准构配件图集来实现，设计者根据工程的具体情况选择标准构配件，避免重复劳动；构配件生产厂家和施工单位也可以针对标准构配件的应用情况组织生产和施工，形成规模效益。实行建筑标准化可以有效减少建筑构配件的规格，在不同的建筑中采用标准构配件，进而提高施工效率，保证施工质量，降低造价。

二、建筑模数协调

为协调建筑设计、施工及构配件生产之间的尺度关系，达到简化构件类型、降低建筑造价、保证建筑质量、提高施工效率的目的，我国制定有《建筑模数协调标准》（GB/T 50002－2013），用以约束和协调建筑的尺度关系。

建筑模数是选定的标准尺度单位，作为建筑空间、建筑构配件、建筑制品，以及有关设备尺寸相互协调中的增值单位。

建筑模数协调从建筑工业化和装配式建筑导入，使学生理解建筑模数协调统一标准的时代意义。

1. 基本模数

基本模数是模数协调中选用的基本单位，其数值为 100mm，符号为 M，即 1M＝100mm。整个建筑物及其一部分或建筑组合构件的模数化尺寸应为基本模数的倍数。

2. 导出模数

由于建筑中需要用模数协调的各部位尺寸相差较大，仅仅靠基本模数不能满足尺度的协调要求，因此在基本模数的基础上又发展了相互之间存在内在联系的导出模数，包括扩大模数和分模数。

三、模数数列及应用

模数数列是以选定的模数基数为基础而展开的模数系统，它可以保证不同建筑及其组成部分之间尺度的统一协调，有效减少建筑尺寸的种类，并确保尺寸具有合理的灵活性。模数数列根据建筑空间的具体情况拥有各自的适用范围，建筑物的所有尺寸除特殊情况外，均应满足模数数列的要求。

扩大模数是基本模数的整数倍数。

　　水平扩大模数基数为 3M、6M、12M、15M、30M、60M，其相应的尺寸分别是 300、600、1200、1500、3000、6000mm。

　　竖向扩大模数基数为 3M、6M，其相应的尺寸分别是 300、600mm。

　　分模数是整数除基本模数的数值。分模数基数为 1/10M、1/5M、1/2M，其相应的尺寸分别是 10、20、50mm。

第四节　建筑设计的内容和程序

一、建筑设计的内容

　　建筑工程设计是指设计一个建筑物或建筑群所要做的全部工作，一般包括建筑设计、结构设计、设备设计。

二、建筑设计的程序

1. 设计前的准备工作

（1）落实设计任务。

（2）熟悉设计任务书。

（3）调查研究、收集必要的设计原始数据。

2. 设计阶段的划分

　　建筑设计一般分为初步设计和施工图设计两个阶段。大型和重要民用建筑工程在初步设计之前应进行方案设计优选。小型和技术要求简单的建筑工程可以方案设计代替初步设计。

第五节　建筑设计的要求和依据

一、建筑设计的要求

梁思成（1901年 4 月 20 日—1972年 1 月 9 日），毕生致力于中国古代建筑的研究和保护，是建筑历史学家、建筑教育家和建筑师，被誉为中国近代建筑之父。梁思成曾任中央研究院院士（1948 年）、中国科学院哲学社会科学学部委员，参与了人民英雄纪念碑、中华人民共和国国徽等作品的设计。

　　（1）满足建筑功能的要求。建筑功能在构成建筑的三个要素当中列在首位，建筑功能也是人们建造房屋的具体目的和使用要求的集中体现。创造出适于人们生产和生活的良好环境，是建筑设计应当完成的首要任务。

　　（2）采用合理先进的技术方案。建筑是耗材多、施工量大的物质产品。根据工程的实际情况，选择先进适用的结构方案和建筑材料，是建筑施工简便、使用安全、坚固耐久、经济适用的关键。

　　（3）具有良好的经济效果。建筑节能是关系到建筑使用费用多少的大问题，必须引起足够的重视。应当把采取节能措施所增加的投资额度与累积节省的能耗费用进行认真比较，做出正确选择。建筑设计应当结合建筑功能、建筑等级及当地的施工技术和建筑材料的市场状况，因地制宜，尽量做到节省劳动力、节约建筑材料和资金，为缩短施工工期、节省投资创造条件。建筑设计的使用要求和技术措施，要和相应的造价、建筑标准统一起来。设计和建造房屋要有周密的计划和核算，重视经济领域的客观规律，讲求经济效果。

　　（4）创造美观的建筑形象。建筑形象要适应时代发展的潮流，应能反映社会大多数人的精神感受，并要经受住时间的考验。

　　（5）体现对特殊人群的关怀。建筑设计应充分体现对老年人、残疾人及社会弱势群体的关怀，为他们自由平等地参与社会活动创造条件。各类公共活动场所及残疾人较为集中的有关场所和住宅小区应当进行无障碍设计。

（6）符合总体规划及环境的要求。建筑作为城市总体规划的组成部分，应当符合总体规划的要求。大多数城市的建筑是各个历史时期的产物，反映了不同时代建筑的特色和文化。还要充分考虑和周围环境的关系，应使所在基地形成协调的外部空间组合和良好的室外环境，和环境有机结合，相互衬托。在风景名胜区、历史文化名城及文物保护单位建设的单体建筑，尤其要注意对原有风貌和自然环境的保护，并要符合国家或地方制定的有关条例和规定的要求。

二、建筑设计的依据

（1）人体尺度及人体活动所需的空间尺度。

（2）家具、设备尺寸和使用它们所需的必要空间。

（3）自然条件，包括气象条件地形、地质及地震烈度等。

（4）建筑材料与施工技术条件。

（5）建筑设计规范和标准。

课 后 拓 展 学 习

（1）地震基本知识。

（2）建筑工业化。

（3）我国注册执业管理制度。

课 后 实 操 训 练

完成论文《中国著名建筑××××赏析》。

教 学 评 价 与 检 测

评价依据：

（1）论文。

（2）理论测试题。

1）建筑的类别是根据什么划分的？为什么要分类？

2）建筑按使用性质分为几类？其中民用建筑分为哪两大类？

3）建筑按主要结构的材料分为几类？当前采用最多的是哪一类？

4）构件耐火极限的含义是什么？民用建筑的耐火等级是如何划分的？

5）什么是基本模数？什么是扩大模数和分模数？

第二章　建筑平面设计

教 学 目 标

（一）总体目标

通过本章的学习，使学生了解大量性民用建筑平面设计的依据，理解民用建筑平面设计的一般原理和方法，能够灵活运用一般性的原理和方法，依照建筑设计规范进行建筑平面设计。通过调研及实践，使学生感知平面设计中的人文精神，理解保护环境、节约资源的基本国策，树立法制精神，培养创新思维。

（二）具体目标

1. 知识目标

（1）理解平面设计的一般原理及要求。

（2）掌握使用房间和交通联系部分的设计。

（3）掌握建筑平面组合设计。

2. 能力目标

（1）根据建筑使用要求，确定使用房间的面积、形状、尺寸及门窗的大小和位置。

（2）根据设计要求，确定交通联系部分的位置、形式、尺寸及通风采光方式。

（3）根据各影响因素进行功能分析，确定平面组合形式。

3. 素质目标

（1）通过无障碍等设计要求，培养学生人文精神。

（2）在设计中强调绿色环保设计理念，使学生理解保护环境、节约资源的基本国策，培养学生节能环保理念。

（3）正确查阅及使用建筑设计规范，树立学生法制精神。

（4）以国内外先进的工程设计案例，拓宽学生专业视角，培养学生创新思维。

教 学 重 点 和 难 点

（一）重点

（1）主要使用房间的设计。

（2）交通联系部分的设计。

（3）平面组合设计。

（二）难点

（1）使用房间的设计。

（2）组合设计功能分析。

教 学 策 略

各类民用建筑的平面设计，均包括使用房间设计、交通联系部分设计和平面组合设计三部分。每部分均涉及面积、形状、尺寸及通风采光方式，还要考虑人流组织、设备管线及和消防疏散等问题，并应满足建筑标准化、绿色环保、经济合理等要求。平面组合设计既要做到功能分区合理、平面布置紧凑、结构经济合理、设备管线集中，还要密切结合基地环境，综合考虑日照、防火安全、噪声、节能等因素，通过布置各类建筑平面设计案例分析及设计作业，引导学生感悟人文关怀、节能环保、创新精神，并在实践中进行观察、思考及总结，促使学生能够灵活运用设计原理进行建筑平面设计。本章采取"课前调研（小组）—课中教学互动（小组）—技能训练—专业拓展"的教学策略，小组学习侧重培养学生社会能力（社会能力包括人际交流能力、问题解决能力、协调分析能力、领导管理能力、组织能力、逻辑思维能力、空间想象能力、创新能力、突发情况逃生自救能力、学习能力）。

（一）课前调研

安排学生以小组为单位围绕建筑平面设计开展调研，调研方式可选择网络调研（网络调研不受时间、地点限制，快速便捷）或者实地调研（去售楼中心、样板间或者施工现场）。要求学生根据调研结果写出调研报告，为课程学习热身。

（二）课中教学互动

课堂教学教师讲解平面设计一般原理和方法，学生依据平面设计一般原理和方法对调研案例进行再学习、再分析，评选优秀调研分析报告进行展示，教师通过评价学生调研分析报告，对教学内容进行总结回顾，引导学生思考感悟案例设计理念、节能环保及人文情怀。

（三）技能训练

布置建筑平面设计作业，引导学生运用课堂所学专业知识解决实际问题，培育学生动手能力。

（四）课后拓展

通过建筑平面设计作业，引导学生学会查阅规范图集，熟悉绘图软件，自主学习与本课程相关的其他专业知识（侧重无障碍设计、绿色节能及消防安全）。

教 学 设 计

（一）教学准备

1. 情感准备

了解学生调研情况，分析学情，关注学生核心素养的发展。

2. 知识准备

复习：重点复习建筑物分类、分级及建筑模数。

预习：学生分组，以组为单位开展调研，依托调研预习建筑平面设计一般原理及方法。

（二）教学架构

建筑平面设计

专业培养　　思政教育

主要使用房间设计
辅助使用房间设计
交通联系部分设计
平面组合设计

人文精神
节能环保理念
法制精神
创新思维

中国现代建筑师
林徽因

（三）实操训练

×××建筑平面设计（设计任务书见附录一）。

（四）思政教育

本章主要在人文精神、节能环保理念、法制精神、创新思维四个方面开展思政教育。

（五）教学方法

任务驱动教学、多媒体教学。

（六）效果评价

采用注重学生全方位能力评价的"五位一体评价法"，即自我评价（20％）＋团队评价（20％）＋课堂表现（20％）＋教师评价（20％）＋自我反馈（20％）评价法。同时引导学生自我纠错、自主成长并进行学习激励，激发学生学习的主观能动性。

（七）学时建议

6/48（本章建议学时/课程总学时 48 学时）。

教 学 过 程 及 内 容

（一）课前引导

1. 课前复习

重点复习建筑物分类、分级及建筑模数。

2. 课前预习

学生分组，安排学生以小组为单位围绕建筑平面设计开展调研，调研方式可选择网络调研（网络调研不受时间、地点限制，快速便捷）或者实地调研（去售楼中心、样板间或者施工现场）。要求学生根据调研结果写出调研报告，为课程学习热身。

（二）课程导入

建筑物通常是由多个部分有机结合起来的三维立体空间。平面、立面、剖面就是建筑空间在不同方向的投影，三者之间是紧密联系而又相互制约的。建筑设计往往由平面设计入手对建筑的功能、布局进行分析和处理，同时密切关注建筑的剖面、立面和体型，分析各个方向空间有机结合的可能性和合理性。

第一节　平面设计的内容

平面设计是建筑设计的开篇之作，对建筑的整体效果起着至关重要的作用，从组成平面各部分的使用性质来分析，可归纳为使用部分的设计和交通联系部分的设计两大部分。

建筑平面设计包括单个房间平面设计及平面组合设计。单个房间平面设计是在整体建筑合理而使用的基础上，确定房间的面积、形状、尺寸及门窗的大小和位置。平面组合设计是根据各类建筑功能要求，抓住主要使用房间、辅助使用房间和交通联系部分的相互关系，结合基地环境及其他条件，采取不同的组合方式将各单个房间合理地组合起来。

第二节　主要使用房间的设计

一、使用房间的分类和设计要求

从使用房间的功能要求来分类，主要有：

（1）生活用房间。

（2）工作、学习用房间。

（3）公共活动用房间。

对使用房间平面设计的要求主要有：

（1）房间的面积、形状和尺寸要满足室内使用活动和家具、设备合理布置的要求。

（2）门窗的大小和位置，应考虑房间的出入方便，疏散安全，采光通风良好。

（3）房间的构成应使结构构造布置合理，施工方便，也要有利于房间之间的组合，选用材料符合相应的建筑标准。

（4）室内空间及顶棚、地面、各个墙面和构件细部，要考虑人们使用和审美要求。

一般说来，生活、工作和学习用房间使用对象相对固定，希望房间的朝向好、环境优雅、安静、少干扰。公共活动用房间使用对象活动性大，人流相对集中，交通频繁，因此对交通流向的组织要求较高。

二、房间的面积

房间面积的大小主要受房间的使用特点、使用人数和家具设备多少等因素的影响。为了更好地分析房间内部的使用特点，一般把房间的使用面积分为家具设备所占的面积、人们使用家具设备及活动所占的面积、房间内部的交通面积（见图 2-1）。

三、房间的形状

民用建筑的房间平面形状应从使用要求、平面组合、结构形式与结构布置、经济条件、建筑造型等多方面进行综合考虑。房间的平面形状和尺寸受到

建筑面积由使用部分、交通联系部分、房屋构件三部分面积组成，是外墙包围的各楼层面积总和。使用面积指除交通面积和结构面积之外的所有空间面积之和。

建筑平面利用系数是指使用面积与建筑面积的百分比，即 $K = \dfrac{使用面积}{建筑面积} \times 100\%$。

各类使用房间的使用面积指标

房间的活动特点、家具的数量和布置、采光和通风方式、室内音质效果和结构形式等因素的影响，而且还要考虑建筑平面组合的可能性。实际工程中，矩形平面房间在民用建筑中采用最多。因为矩形房间的空间平顺规整，摆放家具设备比较方便，房间的开间和进深容易协调统一，结构布置简单，便于与周边房间组合，具有很好的通用性，平面形状和尺寸的确定也相对比较简单，因此在内部房间数量较多、面积较小，需要多个房间上下、左右组合的建筑中大量采用。

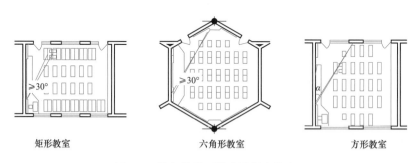

引导学生查阅并遵循建筑设计规范，培养学生法制精神。

建筑设计规范也称"建筑设计标准规范"，指国家或有关部门对基本建设设计所规定的各项技术标准。它是各类工程设计的基本依据，是建筑设计标准化的重要组成部分。

从下面网址可以查阅我国的规范及标准。

国家建筑标准设计网（chinabuilding.com.cn）

图 2-1   房间使用面积的组成

- 家具所占面积
- 使用活动面积
- 室内交通面积

矩形平面不是唯一的形式，就中小学教室而言，在满足视听及其他要求下，也可以设计成其他平面形状（见图 2-2）。如采用正六边形的教室平面，使教室的有效使用面积增加，教师授课的向心力加强，师生之间视线交流密切，获得了良好的效果；方形教室的优点是进深加大，长度缩短，外墙减少，响应交通路线缩短，用地经济，同时，方形教室缩短了最后一排的视距，视听条件有所改善，但为了保证水平视角的要求，前排两侧均不能布置课桌。

矩形教室   六角形教室   方形教室

图 2-2   教室的平面形式及课桌椅布置

有些建筑由于音质、视线、功能、平面及建筑艺术上的要求，把房间设计成其他形状，如影剧院、体育馆的观众厅、报告厅、展览大厅等，它的形状则首先应满足这类建筑的单个使用房间的功能要求。观众厅要满足良好的视听条件，既要看得清楚也要听得好。观众厅的平面形状一般有矩形、钟形、扇形、六角形、圆形。房间形状的确定，不仅仅取决于功能结构和施工条件，也要考虑房间的空间艺术效果，使其形状有一定的变化，具有独特的风格。

四、房间的尺寸

房间尺寸是指房间的开间和进深，其尺寸的确定应根据以下要求来综合考虑。

1. 满足家具设备布置和人体活动的要求

如住宅建筑卧室的平面尺寸应考虑床的大小、家具的相互关系、提高床布置的灵活性（见图 2-3）。

 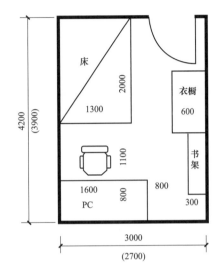

图 2-3　主、次卧室的开间与进深（单位：mm）

2. 满足视听要求

有视听要求的房间，如教室、会堂、观众厅，其平面尺寸除满足家具设备布置及人们活动要求外，还应保证有良好的视听条件。为使前排两侧座位不至于太偏，后面座位不至于太远，根据水平视角、视距、垂直视角的要求，研究座位排列，确定合适的房间尺寸。

例如，教室的平面尺寸应满足以下要求：为防止第一排座位离黑板太近，垂直视角太大，第一排座位到黑板的距离必须大于或等于 2.0m，以保证垂直视角小于或等于 45°；为防止最后一排座位距离黑板太远影响学生的视觉和听觉，最后一排至黑板面的距离小于或等于 8.5m；为避免学生过于斜视而影响视力，水平视角大于或等于 30°。按照以上原则，并结合家具布置、学生活动等要求，中学教室的平面尺寸常取 6.3m×9.0m、7.2m×9.0m、8.1m×8.1m（见图 2-4）。

3. 良好的天然采光

为保证房间的采光要求，一般单侧采光时进深不大于窗上口至地面距离的 2 倍，双侧采光时进深尺寸比单侧采光增加 1 倍（见图 2-5）。

4. 经济合理的结构布置

一般民用建筑常采用墙体承重的梁板式结构或框架结构体系，要求梁板构件符合经济跨度要求。对于由多个开间组成的大房间，如教室、会议室、餐厅等，应尽量统一开间尺寸，减少构件类型。

观众厅的平面形状

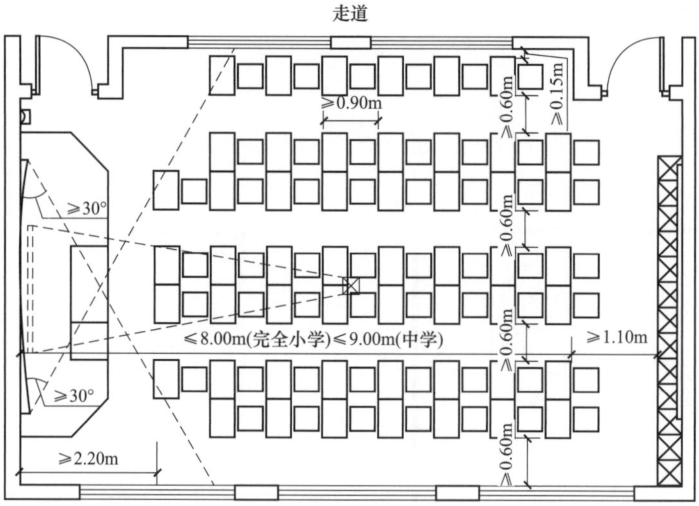

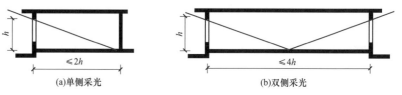

图 2-4   中小学普通教室平面尺寸

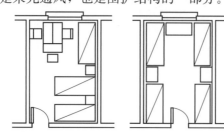

（a）单侧采光   （b）双侧采光

图 2-5   采光方式对尺寸的影响

5. 符合建筑模数协调统一标准的要求

为提高建筑工业化水平，统一构件类型，减少规格，房间的开间与进深应符合建筑模数协调统一标准的要求，一般以 300mm 为模数。

五、房间的门窗设置

1. 门的设置

门是供出入和交通联系用的，也兼作采光和通风。窗在建筑中的主要作用是采光通风，也是围护结构的一部分。

（1）门在房间中的位置。门在房间中开设的位置是否合理对房间的使用影响较大。满足安全疏散要求、尽量使房间内部交通路线短捷、有利于家具设备摆放，是判断门的位置是否合理的主要标准（见图 2-6）。

图 2-6   宿舍门的布置与家具的关系图

对于面积较大、人流集中的房间，门的位置应相对均衡，以满足通行和安全疏散的要求，如体育馆、影剧院的观众厅（见图 2-7）、商场的营业厅等。

门的位置应当充分考虑如何尽量缩短室内的交通路线，避免过多地占用室内面积。同时，还要合理地协调相互位置靠近的门的开启方向，防止出现相互

设计要考虑尽最大限度满足使用者的使用要求，必须遵守国家现行规范及标准的规定。

附本章常用规范：
《建筑设计防火规范》（GB 50016－2014）

《办公建筑设计标准》（JGJ/T 67－2019）

《住宅设计规范》（GB 50096－2011）

《宿舍建筑设计规范》（JGJ 36－2016）

《无障碍设计规范》（GB 50763－2012）

碰撞、遮挡的现象（见图2-8）。

（2）门的宽度和数量。房间中门的最小宽度是考虑通行人流多少和搬运家具设备的要求确定的。当房间面积较大，且人流较集中时，为确保交通的顺畅，应增加门洞的宽度。一般采取在门洞内设置双扇或多扇门的办法，使门的开启轻便灵活，减小占地面积。对人流集中的大型公共活动空间，门的总宽度必须经过计算确定，具体指标与建筑的功能、房间内的人流数量有关，且门应当向外开启。

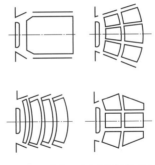

图2-7 剧院观众厅中门的位置

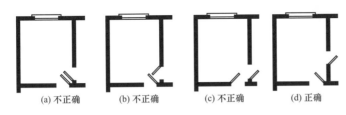

(a) 不正确　　(b) 不正确　　(c) 不正确　　(d) 正确

图2-8 门的开启方式对房间使用的影响

2. 窗的设置

（1）窗的数量及尺寸。在建筑中，窗具有采光、通风、丰富建筑立面等作用。不同用途的房间，通风采光的要求也不同。窗的尺寸及在房间中的位置主要应当考虑采光和通风的要求，同时还要兼顾建筑立面和结构的需要。房间的采光量，通常以窗口的透光量和房间地面净面积的比值来表示，即窗地（采光）面积比。采光面积比＝房间开窗的洞口面积（A_c）/房间的使用面积（A_d）。

（2）窗在房间中的位置。窗在房间中的平面位置以居中为宜，以保证室内光线的均匀。单侧采光的教室，为了使学生在书写时不被自身的阴影所遮挡，光线应从学生的左侧射入。为了使室内光线分布均匀，窗间墙不宜过宽，挂黑板的墙面与窗洞侧边距离要稍大一些，尽量避免眩光（见图2-9）。

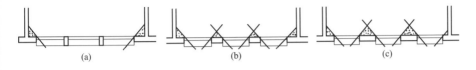

(a)　　　　　(b)　　　　　(c)

图2-9 教室中窗的布置分析

第三节　辅 助 房 间 的 设 计

辅助房间通常是指为使用房间提供服务的房间，如厕所、厨房、储藏室、盥洗室和水暖电设备用房等。辅助房间的平面布局和构造处理应当有利于阻隔自身产生的不良因素对周边环境的影响；辅助房间应当靠近服务对象，部分辅助房间的位置还应符合安全和消防的要求；在保证辅助房间正常使用的前提下，一般将其布置在建筑平面中位置较差和较隐蔽的地方；注意合理控制辅助

无障碍设计是能使残疾人与健康人享有"平等地位"的环境设计。通常将"方便残疾人的环境"称为"无障碍环境"，无障碍环境的服务对象主要是残疾人及部分年迈体衰的老人，因此无障碍环境的设计方法应是针对他们存在的问题而相应采取的对策，以保证残疾人对环境的可接近性、可操作性与安全性。

解读《建筑设计防火规范（2018 年版）》（GB 50016—2014），围绕安全疏散组织学生讨论，关注生命安全。

关于房间门数量的规定

克拉玛依火灾案例分析

厕所革命

厕所革命、节能技术的发展，培养学生环保节能意识。

无障碍厕所设计案例

部分民用建筑厕所设备参考指标

房间的面积标准、设备标准和装修标准。

民用建筑中的厕所、盥洗室、浴室通称为卫生间，卫生间主要分为住宅用卫生间和公共建筑内卫生间两大类，由于前者是为家庭服务的，后者是为公共场所服务的，因此其设计思想和设备情况也略有不同。但其特点都是用水频繁，平面设计在满足设备布置要求及人体活动要求的前提下，力求布置紧凑，节约面积；公共建筑的卫生间，使用人数较多，应该有足够的天然采光和自然通风；住宅、旅馆客房的卫生间，仅供少数人使用，允许间接采光和无采光，但必须设有通风换气设施。

一、厕所

厕所设计首先了解各种设备及人体活动的基本尺度；其次根据使用人数和参考指标确定设备数量；最后确定房间尺寸。

1. 厕所设备及数量

厕所卫生设备主要有大便器、小便器、洗手盆、污水池等。大便器有蹲式和坐式两种，可根据建筑标准及使用习惯分别选用。蹲式大便器使用卫生，便于清洁，对于使用频繁的公共建筑，如学校、医院、办公楼、车站等尤其适用。而标准较高，使用人数少或老年人使用的厕所，如宾馆、敬老院等则宜采用坐式大便器（见图 2-10）。

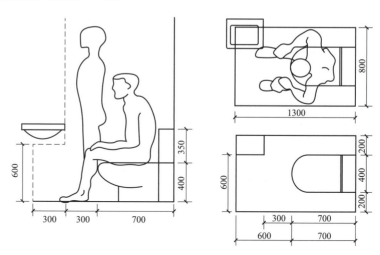

图 2-10　厕所尺寸（单位：mm）

2. 厕所布置

住宅、旅馆等的厕所由于使用的人少，因此往往是盥洗室、浴室、厕所三个部分组成一个卫生间（见图 2-11）。

公共建筑的厕所的面积及平面形状和尺寸主要根据内部设置的卫生设备数量来确定（见图 2-12）。学校、影剧院、体育馆等人流集中，而且使用时间也相对集中的公共建筑的厕所，应当适当增加面积。公共建筑的厕所应男女分设，并在每个楼层的相同位置布置。其位置不应过于显眼，也不过于隐蔽，服务距离不应过长。厕所应当尽量具有天然采光和自然通风的条件。寒冷地区或无天然采光的厕所应当设置可靠的排气设施。

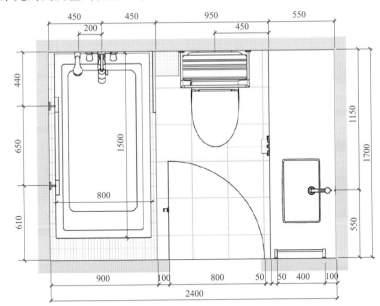

图 2-11　住宅、旅馆等常用卫生间布置（单位：mm）

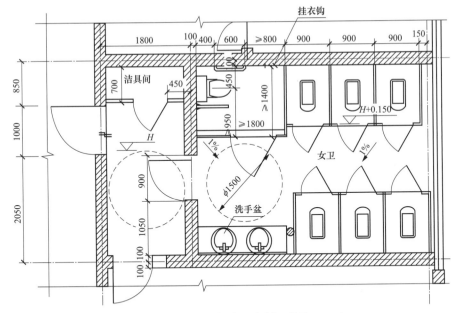

图 2-12　公共卫生间布置实例（单位：mm）

浴盆尺寸举例

洗脸盆尺寸举例

淋浴设备尺寸举例

厨房节能技术：厨房排放、排污、厨后垃圾处理、节能减排技术等

二、浴室、盥洗室

浴室和盥洗室的主要设备有洗脸盆或洗脸槽、污水池、淋浴器或浴盆等，公共浴室还设有更衣室，配有挂衣钩、衣柜、坐凳等，设计时可根据使用人数确定卫生器具的数量，同时结合设备布置及人体活动所需尺寸进行房间布置。

三、厨房

厨房的主要是设备有灶台、案台、水池、储藏设施和排烟装置等，家用厨房的使用现状包括厨房、餐厅合用和厨房、餐厅分开两种。厨房设计应有良好的采光和通风条件；尽量利用厨房的有效空间布置足够的储藏设施，如壁橱、吊柜等；厨房的墙面、地面应考虑防水，便于清洁；室内布置应符合操作流程，并保证必要的操作空间，为使用方便、提高效率、节约时间创造条件。厨房的布置方式（见图 2-13）有单排、双排、L 形、U 形等几种，从使用效果来看，L 形与 U 形较为理想，避免了频繁转身和路径过长的缺陷。

| L 形厨房 | 双 I 形厨房 | I 形厨房 | U 形厨房 |

图 2-13　厨房的布置方式

第四节　交通联系部分的设计

交通联系部分一般包括走廊、楼梯、电梯、自动扶梯、坡道、门厅、过厅等组成部分，习惯统称为交通系统。交通联系部分对建筑的使用功能、经济性和安全性具有较大的影响，在平面设计中交通联系空间的设计应注意以下几点：

（1）交通线路简捷明确、联系方便。

（2）良好的采光、通风和照明条件。

（3）平时人流通畅，紧急情况下疏散迅速、安全。

（4）在满足使用要求的前提下，应尽可能节约面积，提高建筑物的面积利用率。

（5）采用适当的高度、宽度和形式，并注意空间形象的美化和简洁。

一、走道

走道又称过道、走廊，凡走道一侧或两侧空旷者称为走廊。走道是建筑的水平交通设施，连接同层的各个建筑空间，有时也兼有其他从属功能。走道平面设计内容包括走道宽度的确定、走道长度的限定、采光要求等。

1. 走道的分类

按走道的使用性质不同，可分为以下三种情况：

（1）完全为交通需要而设置的走道，这类走道都是供人流集散用的，一般不允许安排其他用途。

（2）主要为交通联系同时也兼有其他功能的走道，其宽度和面积应相应增加。

（3）多种功能综合使用的走道，例如展览馆的走道应满足边走边看的要求。

2. 走道的宽度

走道的宽度主要根据人流通行、安全疏散、防火规范、走道性质、空间感受来综合考虑（见图 2-14 和图 2-15）。为了满足人的行走和紧急情况时的疏散要求，《建筑设计防火规范》（GB 50016—2014）规定，学校、商店、办公楼等

解读《建筑设计防火规范（2018 年版）》（GB 50016—2014），注重安全疏散组织。

走廊消防设计规定

建筑的疏散走道、楼梯、外门的各自总宽度不应低于表2-1所示指标。

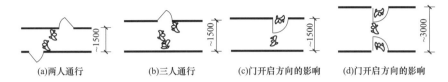

图 2-14 走道宽度与人流股数及门开启方向的关系

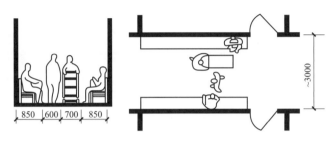

图 2-15 兼有候诊功能的走道宽度（单位：mm）

表 2-1 　　　　　　　　　　　　　楼梯、门和走道的宽度指标　　　　　　　　　　　　（m/百人）

楼层位置	耐火等级		
	一、二级	三级	四级
	宽度指标（m/100 人）		
地上一、二层	0.65	0.75	1.00
地上三层	0.75	1.00	—
地上四层及四层以上各层	1.00	1.25	—
与地面出入口地面的高差不超过10m的地下建筑	0.75	—	—
与地面出入口地面的高差超过10m的地下建筑	1.00	—	—

3. 走道的长度

走道的长度根据人流通行、安全疏散、防火规范、走道性质、空间感受等，按照《建筑设计防火规范》（GB 50016—2014）的规定，最远房间出入口到楼梯间安全入口的距离必须控制在一定范围内（见表2-2）。

表 2-2 　　　　　　　直接通向疏散走道的房间疏散门至最近安全出口的最大距离　　　　　　　（m）

名称	位于两个安全出口之间的疏散门 l_1			位于袋形走道两侧或尽端的疏散门 l_2		
	耐火等级			耐火等级		
	一、二级	三级	四级	一、二级	三级	四级
托儿所、幼儿园	25	20	—	20	15	—
医院、疗养院	35	30	—	20	15	—
学校	35	30	—	22	20	—
其他民用建筑	40	35	25	22	20	15

注　建筑内的观众厅、展览厅、多功能厅、餐厅、营业厅和阅览室等，其室内任何一点到最近安全出口的直线距离不宜大于30.0m。

4. 走道的采光和通风

走廊一般应具备天然采光和自然通风的条件。两侧布置房间的走廊，当走廊一端设有采光口时，其长度不应超过 20m；当走廊两端均设有采光口时，其长度不应超过 40m。如果满足不了上述要求，应当在走廊中段适当部位增设采光口或用人工照明进行补充。开敞楼梯间、走廊两侧的高窗、门的亮窗均可视为增设的采光口。

二、楼梯

楼梯是建筑中重要的垂直交通设施，应根据使用要求选择合适的形式、布置适当的位置，根据使用性质、人流通行情况及防火规范综合确定楼梯的宽度及数量，并根据使用对象和使用场合选择最舒适的坡度。楼梯在建筑中的位置应标志明显、方便到达；楼梯应与建筑的出口关系紧密、连接方便，一般均应设置直接对外出口；当建筑中设置数部楼梯时，应主次分明，其分布应符合建筑内部人流的通行要求；楼梯间应有良好的采光及通风条件；楼梯应对建筑的立面造型和室内空间效果有利。

1. 楼梯的数量和宽度

楼梯的数量和宽度根据楼梯的使用性质、使用人数和防火规范确定，普通公共建筑一般至少要设两个或两个以上的楼梯。如果符合表 2-3 的规定，也可以只设一个楼梯。疏散楼梯的最小净宽度见表 2-4。

表 2-3　　　　　　　　　　　设置一个疏散楼梯的条件

耐火等级	层数	每层最大建筑面积（m²）	人数
一、二级	二、二层	500	第二、三层人数之和不超过 100 人
二级	二、三级	200	第二、二层人数之和不超过 50 人
四级	二层	200	第二层人数之和不超过 30 人

注　本表不适用于医院、疗养院、托儿所、幼儿园。

表 2-4　　　　　　　　　　　疏散楼梯的最小净宽度

高层建筑	疏散楼梯的最小净宽度（m）
医院病房楼	1.30
居住建筑	1.10
其他建筑	1.20

2. 楼梯的形式

楼梯形式的选择，主要是以建筑物性质、使用要求和空间造型为依据。楼梯形式有直跑楼梯、两跑楼梯、曲形尺楼梯、三跑楼梯、两跑三段式楼梯、交叉式楼梯、螺旋式楼梯、弧形楼梯等。

3. 楼梯的平面位置

民用建筑楼梯按其使用性质可分为主要楼梯、辅助楼梯、疏散楼梯等（见图 2-16）。主要楼梯常布置在门厅内，借以丰富门厅空间造型，且具有明显的导向性；也可布置在门厅附近较明显的位置。辅助楼梯常布置在建筑物次要入

警钟长鸣：2021 年 8 月 27 日 16 时，辽宁大连凯旋国际大厦发生火灾。

解读《建筑设计防火规范（2018 年版）》（GB 50016—2014），围绕安全疏散组织学生讨论，引导学生关注生命安全。

楼梯的形式与类型

口附近，起分担人流、安全防火的作用。疏散楼梯常位于建筑物端部，并采用开敞式。

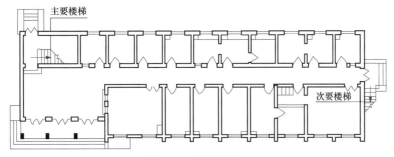

图 2-16　楼梯的位置

4. 梯段及平台的宽度

（1）梯段宽度。梯段宽度主要是根据楼梯的使用性质、使用人数和防火疏散要求来确定。一般供单人通行的楼梯宽度不应小于 850mm，双人通行为 1100~1200mm。一般民用建筑楼梯的最小净宽度应满足两股人流疏散要求，但住宅内部楼梯可减小到 850~900mm。所有楼梯梯段宽度的总和应按照防火规范的最小宽度进行校核，考虑人流股数一般按每股人流宽度 ［0.55＋（0~0.15）］m 计算。疏散楼梯最小宽度大于或等于 1100m。

（2）平台宽度。为了方便搬运家具设备和顺畅通行，楼梯平台净宽度不应小于梯段净宽度，并且不小于 1.1m；平台的净宽度是指扶手处平台的宽度，见图 2-17。双跑直楼梯对中间平台的深度也做出了具体规定。开敞楼梯间的楼层平台已经同走廊连在一起，此时平台净宽度可以小于上述规定，使梯段起步点自走廊边线后退一段距离即可。

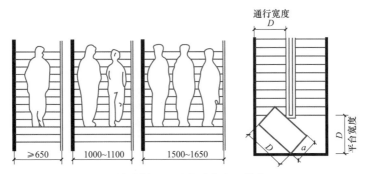

图 2-17　楼梯梯段及平台的宽度（单位：mm）

5. 楼梯间

楼梯间一般分开敞、封闭和防烟三种形式，见图 2-18。开敞楼梯间在火灾时烟气在短时间内就能向上扩散，对人流的疏散及阻隔火灾蔓延不利。封闭楼梯间的内墙上除在同层开设通向公共走道的疏散门外，不应开设其他房间的门窗，也不能布置可燃气体管道和有关液体管道。楼梯间门应向疏散方向开启。防烟楼梯间在楼梯间入口处设置前室、阳台或凹廊，封闭楼梯间和防烟楼梯间一般均应通至房顶，超过 6 层的组合式单元住宅和宿舍，各单元的楼梯间均应通至平屋顶，如果进户门采用乙级防火门，可以不通至房间。

三、电梯

高层建筑的垂直交通以电梯为主，以楼梯为辅，具有特殊功能要求的多层建筑，如大型宾馆、百货商店、医院等，除设置楼梯外，还需要设置电梯，以满足垂直交通的需要。除此之外，层数为

7层或7层以上的住宅，或6层以上的办公建筑也应设置电梯。电梯按其使用性质可以分为客梯、货梯、客货两用电梯及杂物电梯等类型。电梯的布置方式一般有单面式和双面式两种，见图2-19。

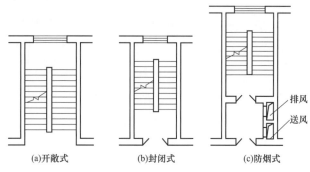

(a)开敞式　　　　(b)封闭式　　　　(c)防烟式

图 2-18　楼梯间类型

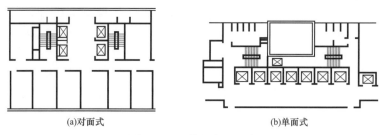

(a)对面式　　　　　　　　　　　(b)单面式

图 2-19　电梯的布置形式

门厅设计案例

四、门厅

门厅是人们进出建筑时的缓冲和交通枢纽空间，在平面组合中门厅应处于明显、居中和突出的位置，一般应面向主干道，使人流出入方便；要有明确的导向性，交通流线简明醒目，人流干扰少，有良好的氛围，应在入口处设门廊、雨篷。

门厅的面积应根据各类建筑的使用性质、规模及质量标准等因素来确定，设计时可参考有关面积定额指标。一般认为，门厅对外出入口的总宽度不应小于通向该门厅走廊、楼梯宽度之和；人流集中的大型公共建筑，其门厅出入口的总宽度应当通过计算确定，应满足不小于 0.60m/100 人的条件。

门厅的布置形式可分为对称式与非对称式两种，见图2-20。

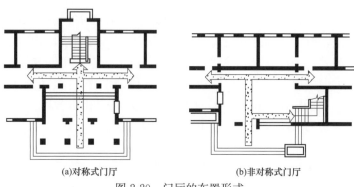

(a)对称式门厅　　　　　　　　　(b)非对称式门厅

图 2-20　门厅的布置形式

第五节　建筑平面组合设计

建筑平面组合设计的主要任务是根据建筑物的使用和卫生等要求，合理安排建筑各组成部分位置的相互关系；组织好建筑物内部及内外部之间方便和安全的交通联系；考虑结构和布置、施工方法和所用材料的合理性，掌握建筑标准，注意美观要求；符合总体规划的要求，密切结合基地环境等平面组合的外在条件，注意节约用地和环境保护等问题。

一、影响平面组合设计的因素

建筑的平面组合设计主要应当考虑建筑的使用功能、建筑的结构形式、基地环境、建筑造型及艺术要求等因素。

1. 使用要求对平面组合设计的影响

（1）平面各功能区之间的联系和分隔。

（2）各类房间的主次及内外关系。

（3）房间的使用顺序和交通路线的组织。

2. 建筑结构形式对平面组合设计的影响

建筑的结构形式主要有墙承重体系、框架体系和空间结构体系等三种。

3. 消防疏散要求对平面组合设计的影响

在建筑平面中设置不同的防火分区，是控制火势蔓延、提高建筑生存能力的重要手段。我国建筑设计防火规范对建筑防火分区的最大面积做出了明确的规定。

4. 基地环境对平面组合设计的影响

不同基地条件下公共建筑平面布局见图 2-21。

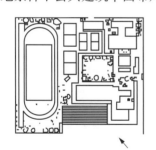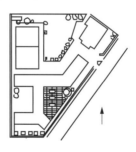

图 2-21　不同基地条件下公共建筑平面布局的示例

二、平面组合形式

建筑的平面组合是在综合考虑了建筑功能、内外关系、交通组织及基地条件等因素的基础上，反复推敲、认真研究所获得的结果。建筑的平面组合方式主要有走廊式组合、套间式组合、大厅式组合、单元式组合和混合式组合。

1. 走廊式组合

走廊式组合是最常见的一种平面组合方式，适用于房间面积较小、相同功能房间较多、房间之间的活动相对独立的建筑，如宿舍、旅馆、办公楼、医院、教学楼等。

平面各组成部分功能分析

建筑结构形式对平面组合设计的影响

消防疏散要求对平面组合设计的影响

2. 套间式组合

有些建筑的房间之间可以相互穿越。套间式组合平面适用于房间之间相互联系和顺序性较强、不需要单独分隔的建筑,如展览馆、纪念馆等。套间式组合平面应当重视建筑内部人流路线的组织,提高导向性,避免人流的交叉。

3. 大厅式组合

大厅式组合适用于以一个大厅为活动中心,而且人流集中的建筑,如体育馆、影剧院、会议中心等。大厅一般具有空间大、人流集中、视听要求高、需人工创造声光环境的特点。大厅通常设在建筑的中心位置,其他房间环绕在四周。大厅式组合平面应当重点解决好交通路线的组织及结构选择。

4. 单元式组合

将关系密切的房间组合在一起成为一个相对独立的整体,称为单元,将一种或多种单元按地形和环境情况在水平和垂直方向重复组合起来成为一栋建筑,这种组合方式称为单元式组合。其特点是提高建筑标准化,简化设计、生产和施工工作,同时功能分区明确,各单元相对独立、互不干扰,平面和立面造型均有韵律感,应用于住宅、学校、幼儿园等建筑。

5. 混合式组合

在一幢建筑中有时可能同时出现几种组合方式,应根据平面设计的需要灵活选择。其特点是适应性强、灵活性大,常用于一些公共建筑。

建筑平面组合
形式图解

参考案例
某别墅平面图

课后拓展学习

(1)建筑平面相关设计规范及标准。
(2)认识相关设计软件。

课后实操训练

(1)建筑平面设计调研分析报告。
(2)××××建筑平面设计(设计任务书见附录一)。

教学评价与检测

评价依据:
(1)建筑平面设计的现状调研分析报告。
(2)理论测试题。
1)使用房间的平面设计采取什么步骤进行?
2)辅助房间的平面设计应当考虑哪些因素?
3)何为日照间距?有何意义?
4)风玫瑰表示什么含义?

5）何为袋形走廊？走道的设计要点有哪些？

6）如何确定门厅的面积、布局？

7）民用建筑设置一个疏散楼梯的条件是什么？

8）楼梯如何设计？

9）影响建筑的平面组合设计的因素有哪些？

10）建筑的平面组合方式有几种？

11）如何进行总平面设计？

第三章　建筑剖面设计

（一）　总体目标

通过本章的学习，使学生了解影响民用建筑剖面设计的影响因素和原则，理解建筑剖面设计的一般原理，掌握建筑剖面设计的方法，能够灵活运用设计原理和方法确定房间的剖面形状、房间层高、各部分标高和房屋层数，通过竖向空间组合充分利用空间。通过建筑剖面设计的工程案例分析和设计实践，使学生确立以人为本的设计理念，树立生态文明发展观，培养学生多角度看问题的大局意识。

（二）　具体目标

1. 知识目标

（1）了解影响民用建筑剖面设计的影响因素和原则。

（2）理解建筑剖面设计的一般原理。

（3）掌握建筑剖面设计的方法。

2. 能力目标

（1）根据建筑使用性质及要求，确定建筑剖面形状。

（2）结合基地环境经济效果影响因素，确定房屋各部分高度及建筑层数。

（3）分析建筑特点，根据内部使用要求，进行建筑空间组合和利用。

3. 素质目标

（1）通过工程案例分析，使学生确立以人为本的设计理念。

（2）通过建筑设计与生态环境的共生共存关系，引导学生树立生态文明发展观。

（3）剖面设计与平面设计是从不同方面反映建筑内部空间关系，通过训练学生空间想象及设计能力，培养学生多角度看问题的大局意识。

教 学 重 点 和 难 点

（一）　重点

（1）剖面形状的确定。

（2）房屋高度的确定。

（3）建筑空间的组合利用。

（二）　难点

（1）剖面形状的确定。

（2）建筑空间的组合利用。

教　学　策　略

与建筑平面设计主要解决建筑内部空间水平方向不同，建筑剖面设计主要研究竖向空间的处理，同一空间从不同方向进行解读，通过训练学生空间想象及设计能力，使学生领悟"横看成岭侧成峰，远近高低各不同"的多角度看问题的大局意识。

房间剖面形状的确定应考虑房间的使用要求、结构、材料和施工的影响，以及采光通风等因素；建筑物层数的确定应考虑使用功能的要求、结构、材料和施工的影响，城市规划及基地环境的建筑防火及经济等的要求。教学中结合建筑所在地域的气候、环境、资源、经济和文化等特点，引导学生感悟建筑设计与生态环境的共生共存关系，促使学生树立生态文明发展观。

窗台高度与房间使用要求、人体尺度、家具尺寸及通风要求有关。室内外地面高差应考虑内外联系方便、防水、防潮要求，地形及环境条件，建筑物性格特征等因素。通过案例分析比对，使学生了解设计方案优劣直接影响着千万人的使用感受，设计师的一点失误可能就让使用者感到不便利，从而树立以人为本的设计理念。

为取得良好的教学效果，本章可采取"课前引导（可选择请校外导师讲解设计工作中的感受、参观实际工程、课前调研或查阅文献资料等方式进行）—课中教学互动—技能训练（设计作业）—课后拓展"的教学策略。

（一）课前引导
通过请校外导师讲解设计工作中的感受等学生喜闻乐见的方式，提前介入学生学习过程，培养职业素养，激发学生学习热情。

（二）课中教学互动
课堂教学教师结合工程案例讲解，通过优劣工程案例分析比对等方式，并开展提问、讨论等教学互动，把专业教学和课程思政有机结合，培养有情怀、有温度的工程师。

（三）技能训练
引导学生运用课堂所学专业知识进行建筑剖面设计，知行合一，培育学生剖面设计能力。

（四）课后拓展
引导学生自主学习《绿色建筑评价标准》（GB/T 50378—2019），主动与行业接轨，使学生深切领悟"绿水青山就是金山银山"的环境保护、节能资源、可持续发展的基本国策。

教　学　设　计

（一）教学准备
1. 情感准备
邀请行业、企业和专家进校园，增进学生专业学习热情，培养学生报效祖国的专业使命感。
2. 知识准备
复习：通过点评学生设计作业，复习建筑平面设计要点。
预习：建筑剖面设计一般原理及方法。

（二） 教学架构

房间剖面形状
房屋各部分高度确定
房屋的层数
建筑空间组合利用

专业培养

建筑剖面设计

思政教育

以人为本的设计理念
生态文明发展观
多角度看问题的大局意识

（三） 实操训练

在前期设计基础上，进行××××建筑剖面设计（设计任务书见附录一）。

（四） 思政教育

本章主要在以人为本的设计理念、生态文明发展观、多角度看问题的大局意识三个方面开展思政教育。

（五） 教学方法

多媒体教学、小组教学等。

（六） 效果评价

建议采用注重学生全方位能力评价的集"自我评价＋团队评价＋课堂表现＋教师评价＋自我反馈评价"于一体的评价方法。同时引导学生自我纠错、自主成长并进行学习激励，激发学生学习的主观能动性。

（七） 学时建议

2/48（本章建议学时/课程总学时 48 学时）。

教 学 过 程 及 内 容

（一） 课前引导

1. 课前复习

通过设计作业引导学生复习建筑平面设计要点。

2. 课前预习

学生自主预习建筑剖面设计一般原理及方法。

（二） 课程导入

剖面设计主要是解决建筑竖向的空间问题，通常在平面组合基本确定之后着手进行。剖面设计主要确定建筑层数、房间高度、空间利用，以及与竖向空间有关的结构和构造问题。剖面设计应当与平面设计相配套和对应，为使建筑中各个空间发挥使用功能创造条件。

第一节　房间的剖面形状

房间的剖面形状可分为矩形和非矩形两类。矩形剖面形式简单、规整，有利于竖向空间组合，体型简洁而完整，结构形式简单，施工方便，在普通民用

领悟"横看成岭侧成峰，远近高低各不同"的多角度看问题的大局意识。

房间的剖面形状根据使用要求和特点来确定，同时也要结合具体的物质技术、经济条件及特定的艺术构思考虑，使之既满足使用要求又能达到一定的艺术效果。

参考案例
鸟巢剖平面图

建筑中使用广泛。非矩形剖面常用于有特殊要求的房间，或由于特殊的结构形式而形成。

房间的剖面形状的确定主要取决于以下几个方面的因素。

一、房间的使用要求

在民用建筑中绝大多数的建筑采用矩形剖面形式；对于某些特殊功能要求（如视线、音质等）的房间，则应根据使用要求选择适合的剖面形状。例如，影剧院的观众厅、体育馆的比赛大厅、教学楼中阶梯教室等有视线要求的房间除平面形状、大小满足一定的视距、视角要求外，地面应有一定的坡度，以保证良好的视觉要求，即舒适、无遮挡地看清对象。地面的升起坡度与设计视点的选择、座位排列方式（即前排与后排对位或错位排列）、排距、视线升高值C（即后排与前排的视线升高差）等因素有关（见图 3-1）。

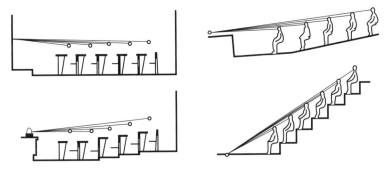

图 3-1　表示电影院和体育馆设计视点与地面坡度的关系

大厅的音质要求对房间的剖面形状影响很大。为保证室内声场分布均匀，防止出现空白区、回声和聚焦等现象，在剖面设计中要注意顶棚、墙面和地面的处理。为有效地利用声能，加强各处直达声，必须使大厅地面逐渐升高，顶棚的形状应使大厅各座位都能获得均匀的反射声，同时并能加强声压不足的部位。一般地，凹面易产生聚焦，声场分布不均匀；凸面是声扩散面，不会产生聚焦，声场分布均匀。为此，大厅顶棚应尽量避免采用凹面拱顶（见图 3-2）。

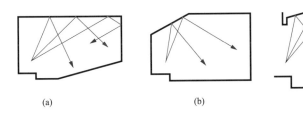

|(a)|(b)|(c)|

图 3-2　观众厅的剖面形状

二、结构、材料和施工的影响

房间的剖面形状除应满足使用要求以外，还应考虑结构类型、材料及施工的影响，在满足使用要求的前提下宜优先考虑使用矩形剖面。不同的结构类型对房间的剖面形状起着不同的影响，大跨度建筑的房间剖面由于结构形式的不

天坛祈年殿剖面图

设计视点是按设计要求所能看到的极限位置，以此作为视线设计的主要依据。设计视点选择是衡量视觉质量好坏的重要标准，影响地面升起的坡度和经济性。设计视点越低，视觉范围越大，房间地面升起坡度越大；设计视点越高，视野范围越小，地面升起坡度就平缓。一般地，当观察对象低于人的眼睛时，地面起坡大；反之，则起坡小。各类建筑由于功能不同，观看对象性质不同，设计视点的选择也不一致。例如，电影院定在银幕底边的中点，这样可保证观众看清银幕的全部；体育馆定在篮球场边线或边线上空 300～500mm 处。

同而形成不同于砖混结构的内部空间特征。

三、采光通风的要求

一般进深不大的房间，采用侧窗采光和通风已足够满足室内卫生的要求。当房间进深较大，侧窗不能满足要求时，常设置各种形式的天窗，从而形成了各种不同的剖面形状。有的房间虽然进深不大，但具有特殊要求，如展览馆中的陈列室，为使室内照度均匀、稳定、柔和，并减轻和消除眩光的影响，避免直射阳光损害陈列品，常设置各种形式的采光窗（见图 3-3）。通风对房间剖面形状的影响见图 3-4。

参考案例：国家大剧院音乐厅音质设计

参考案例：苏州博物馆新馆展厅采光

采光通风结合《公共建筑节能设计标准》（GB 50189－2015）开展教学。一是培养学生生态文明发展观，二是培养学生查阅并遵循建筑设计规范职业习惯。

建筑高度的计算

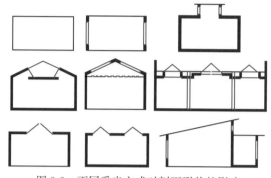

图 3-3　不同采光方式对剖面形状的影响

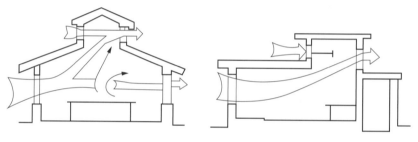

图 3-4　通风对房间剖面形状的影响

第二节　建筑各部分的高度

房间各部分高度主要指房间的净高与层高、窗台高度和室内外地面高差。

一、房间的净高和层高

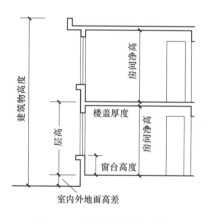

图 3-5　房间的净高与层高

房间的剖面设计首先要确定房间的净高和层高。房间净高是指室内地面至结构层或吊顶棚底面的距离，层高是指上下层楼板面层之间的垂直距离（见图 3-5）。在剖面设计时，应当根据房间的最小净高推算出房间层高，层高应当符合模数协调的要求。

确定房间的剖面高度主要应当考虑以下几方面因素。

1. 房间使用性质和家具设备的要求

房间的空气质量关系到使用者的身体健康，房间的空气质量标准由空气容量来反映。面积小、使用人数少、家具体量不大的房间可以把层高设计得小一些（见图 3-6）。例如，住宅卧室的净高不应低于2.4m，层高不宜高于2.8m。如果房间中人数多、房间面积大，层高应大，满足使用和卫生的要求。例如，中学普通教室的净高不应小于3.0m，以保证室内的空气容量达到3～5m³。房间的设备情况对房间的剖面高度和剖面形状有相当的影响，要掌握第一手资料，在确定房间净高时留出足够的设备空间。例如，学生宿舍通常设有双人床，层高不宜小于3.25m。演播室顶棚下装有若干灯具，为避免眩光，演播室的净高不应小于4.5m。剧场为了满足舞台灯光、天幕和布景的要求，在舞台上方设置了高度较大的吊景楼。

该环节进行知识拓展——学习"健康建筑"，引导学生查阅并遵循《健康建筑评价标准》（T/ASC 02－2016）。

使学生了解健康中国战略部署及健康中国建设，培养以人为本的设计理念，感悟党和国家对广大人民群众健康的关心，激发学生的中国道路自信。

不同的空间比例会给人不同的感受：一般认为，宽而高的房间使人感到不够亲切，宽而低的房间使人感到压抑，窄而高的房间又使人感到拘谨。

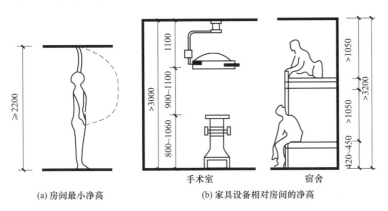

(a) 房间最小净高　　(b) 家具设备相对房间的净高

图3-6　设备对房间剖面高度的影响（单位：mm）

2. 采光通风的要求

室内光线的强弱与照度分布是否均匀，与开窗的水平位置、宽度、开窗的竖向位置和高度都有关系。一般认为，单侧采光的房间，地面至窗上口的距离不应小于房间进深的1/2；双侧采光的房间，地面至窗上口的距离不应小于房间进深的1/4（见图3-7）。为了防止房间顶部出现暗角，窗上口至顶棚底面的距离不应过大，一般不应大于0.50m。但该距离又不能太小，应留出足够的结构构造高度。

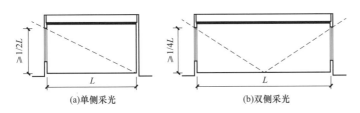

(a)单侧采光　　　　(b)双侧采光

图3-7　采光对层高与进深的影响

3. 结构类型的要求

确定房间剖面高度必须要考虑结构层所占的空间高度。结构形式不同，结构所占的空间高度不同，导致层高相同的情况下房间净高不同，而且房间的空间效果也不一样（见图3-8）。

4. 室内空间比例的要求

人们对室内空间的感受与房间的长、宽、高的比例有关系，应根据房间的功能适当地控制尺度比例，以使人的精神放松、感觉舒适。房间顶棚形式、开窗尺寸对空间感觉起修正作用。有些公共建筑房间由于面积较大，且具有多重功能，各部分对空间比例的要求不一样，经常采用改变局部顶棚高度的做法，突出主体空间的地位。

不同窗台高度

2021 年 7 月 17 日，河南遭遇极端强降雨，郑州市出现严重内涝。

（1）感悟众志成城的精神，培养学生家国情怀。

（2）感悟建筑设计对于社会发展和人民生命安全的重要影响，增强职业责任感。

（3）提高学生的风险意识，思考如何设计才能应对自然灾害。

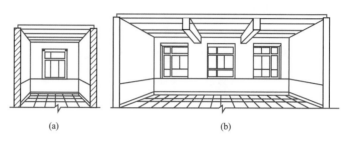

图 3-8　楼板形式对房间剖面高度的影响

5. 建筑经济的要求

在满足使用要求和卫生要求的前提下，适当降低层高可相应减小房屋的间距，节约用地、减轻房屋自重，节约材料，直接关系到建筑的造价及运行费用，因此在满足房间各方面要求的前提下，应尽量控制房间的剖面高度。

二、窗台高度

窗台高度主要根据使用要求、人体尺度和家具或设备的高度来确定，一般窗台高度为 900mm。幼儿园建筑结合儿童尺度，活动室的窗台高度常采用 700mm 左右。对疗养建筑和风景区建筑，要求室内阳光充足或便于观赏景色，常降低窗台高度或做落地窗。一些展览建筑，高窗布置对展品的采光有利，常将窗台提高到 1800mm 以上。

三、室内外地面高差

建筑设计常取底层室内地面相对标高为 ±0.000m，低于底层地面为负值，高于底层地面为正值，逐层累计。室内外地面高差主要由以下因素确定：

（1）防水、防潮要求。为了防止室外雨水流入室内，并防止墙身受潮，一般民用建筑常把室内地面适当提高，如室内地面高出室外地面 450mm 左右。一些地区内防潮要求较高的建筑物，还须参考有关洪水水位的资料以确定室内地面的标高。底层室内地面应高于室外地面 300mm 或 300mm 以上。为内外联系方便，室外踏步的级数常以不超过四级（600mm）为宜。仓库为便于运输常设置坡道，其室内外地面高差以不超过 300mm 为宜。

（2）功能分区要求。对于一些易于积水或需要经常冲洗的地方，如开敞的外廊、阳台及浴厕、厨房等，地面标高应稍低一些，以免溢水。

（3）地形及环境条件。建筑物所在场地的地形起伏较大时，需要根据地段道路地面的路面标高、施工时的土方量，以及场地的排水条件等因素综合分析后，选定合适的室内地面标高，综合确定底层地面标高。

（4）建筑物性格特征。一般民用建筑室内外地面高差不宜过大；纪念性建筑常借助于室内外地面高差值的增大，以增强严肃、庄重、雄伟的气氛。

第三节　房屋的层数

一、使用要求

为确保建筑功能的充分发挥，给使用者带来更大的便利，应结合房屋使用人数、使用性质综合考虑房屋的层数。对于使用人数不多、室内空间高度较低、房间荷载不大的建筑可采用多层和高层，利用楼梯、电梯作为垂直交通工具。

二、建筑结构、材料的要求

建筑结构类型和材料是决定房屋层数的基本因素。混合结构的建筑一般为1～6层。而多层和高层建筑，可采用梁柱承重的框架结构、剪力墙结构或框架剪力墙结构等结构体系。空间结构体系适用于低层大跨度建筑。

三、建筑基地环境与城市规划的要求

从城市整体规划和街区景观的角度考虑，规划部门会对城市的各个区域和街区新建房屋的功能、风格、高度和规模做出详细规定。增加建筑层数是提高建筑密度和容积率的有效手段，可以节省建筑用地。但随着建筑层数的增加，建筑结构、材料和设备的要求也会随之提高，应对建筑层数和经济性进行认真比较，做出正确选择（见图3-9）。

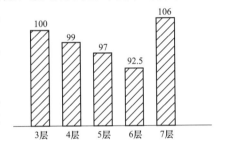

图 3-9　住宅造价与层数的关系

四、建筑防火的要求

为了保证使用者的人身安全，《建筑设计防火规范》（GB 50016－2014）对不同耐火等级的建筑的最多层数也有要求。

第四节　建筑空间的组合及利用

一、建筑空间的组合原则

（1）根据功能和使用要求，进行剖面的空间组合。一般来说，对外联系密切、人员出入较多，以及室内有较重设备的房间放在底部或下部；使用人数少、荷载小、需要安静的房间，放在上部。

（2）根据房间各部分高度，进行剖面的空间组合。由于使用性质不同，空间特点也不一样，有高有低，有大有小，必须合理调整和组织不同高度的空间，使建筑物的各部分在垂直方向上取得协调统一。

二、建筑空间的组合形式

1. 高度相同或相近的房间组合

在进行建筑的空间组合时，应把剖面高度相同、使用功能相近的房间组合在一起（见图3-10）。高度比较接近、使用功能相近、关系密切的房间，从结构、施工及经济的角度考虑，应尽量调整房间的层高，统一高度，使之有条件组合在一起。有的建筑由于功能分区的要求，功能不同的房间在平面组合时就分区布置，而且房间剖面高度要求又不相同，可以通过在走廊设置踏步的办法

建筑层数的计算

单层与多层建筑用地比较：

　　了解《中华人民共和国土地管理法》，理解我国"十分珍惜、合理利用土地和切实保护耕地"基本国策。

　　关系公众安全的房屋在确定层数时的注意事项：对于托儿所、幼儿园等建筑，其层数不宜超过三层；医院门诊部层数也以不超过三层为宜；影剧院、体育馆等一类公共建筑都具有面积和高度较大的房间，人流集中，为迅速而安全地进行疏散，宜建成低层。

解决两个功能区的高差问题。

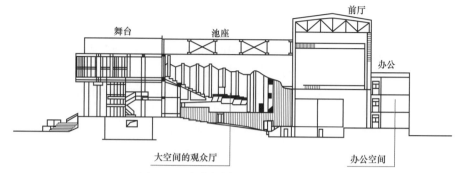

图 3-10   高度相同或相近的房间组合

2. 高度相差较大房间的组合

当建筑为单层时，可以采用不同高度的屋顶来解决空间组合的问题；对体育馆、影剧院建筑，由于观众厅的剖面高度与休息厅、办公室、厕所等辅助房间相比差异较大，一般采用利用看台起坡以下的空间布置附属房间或利用座席通道设置多层休息厅的方式解决空间组合的问题。当基地条件允许时，可以把剖面高度和平面尺度较大的房间布置在主体建筑的周边，形成裙房。旅馆和教学楼经常使用这种组合方式。

3. 错层式空间组合

当建筑物内部出现高低差，或由于地形的变化使房屋几部分空间的楼地面出现高低错落现象时，可采用错层的处理方式使空间取得和谐统一。

4. 台阶式空间组合

建筑由下至上形成内收的剖面形式，从而为人们提供了进行户外活动及绿化布置的露天平台。此种建筑形式可采用竖向叠层、向上内收、垂直绿化等手法丰富建筑外观形象。

三、建筑空间的利用

充分利用建筑空间是建筑空间组合应当研究的重要问题之一。更好地利用建筑空间，可以获得在建筑面积一定的条件下建筑可利用空间增加的效果，具有良好的经济效益。

高度相差较大房间的组合

错层式空间组合

台阶式空间组合

住宅上部空间的利用

夹层空间的利用

课 后 拓 展 学 习

《绿色建筑评价标准》（GB/T 50378—2019）。

课 后 实 操 训 练

在前期设计基础上，进行××××建筑剖面设计（设计任务书见附录一）。

教 学 评 价 与 检 测

评价依据：

（1）建筑剖面设计。

（2）理论测试题。

1）设计视点的高低与地面起坡大小的关系是什么？

2）电影院当座位采用错位排列时，视线升高值 C 为多少？

3）房间的净高与人体活动尺度有很大关系，一般情况下，为保证人们的正常活动，室内最小净高应使人举手不接触到顶棚为宜，应不低于多少米？

第四章 建筑体型及立面设计

教 学 目 标

（一） 总体目标

通过本章学习，使学生了解影响民用建筑体型及立面设计的因素和原则，理解建筑体型及立面设计的一般原理，掌握建筑体型及立面设计的方法，能够灵活运用设计原理和方法进行建筑体型组合，处理体量的联系与交接，进行建筑立面设计。通过优秀建筑案例分析和设计实践，加强学生民族自豪感，树立坚定文化自信，树立正确自然观，培养爱国主义精神。

（二） 具体目标

1. 知识目标

（1）了解建筑体型和立面设计的原则和方法。

（2）掌握建筑体型的组合方法，体量的联系与交接。

（3）掌握建筑立面设计的处理方法。

2. 能力目标

（1）根据基地环境、建筑使用性质及要求，进行建筑体型设计。

（2）根据立面设计的原理，结合构图规律，进行建筑立面设计。

3. 素质目标

（1）以中国建筑设计大师为典范，培养爱国主义精神。

（2）以悠久的建筑文化精髓为内容，加强学生民族自豪感，树立起坚定的文化自信。

（3）以优秀建筑设计为载体，引导学生正确看待建筑与自然、社会和谐的关系，树立正确的自然观。

教 学 重 点 和 难 点

（一） 重点

（1）建筑体型组合的方式。

（2）立面处理的方法。

（二） 难点

（1）建筑体型的组合。

（2）建筑体型的转折与转角处理。

（3）建筑体量的联系与交接。

教 学 策 略

　　建筑体型及立面设计是整个建筑设计的重要组成部分，贯穿整个设计过程，两者目标都是满足房屋的使用要求和美观要求，不仅能够反映建筑内部空间，还能对建筑进行外部处理。所以在设计过程中还要具有美观性和文化属性。以中国建筑设计大师为典范，对学生进行爱国主义教育；以悠久建筑文化为内容，加强学生民族自豪感，树立坚定文化自信；以优秀建筑设计为载体，引导学生正确看待建筑与自然、社会和谐的关系，树立正确的自然观。

　　本章采取翻转课堂或者线上线下混合式教学，均可取得较好的教学效果。本章以混合式教学为例开展教学设计，采取"课前引导—课中教学互动—技能训练—课后拓展"的教学策略。

（一）课前引导

　　课前学生进行线上学习。以优秀建筑设计为载体，把优秀作品的设计理念和知识点有机融合，利用线上多样的教学手段，寓教于乐。

（二）课中教学互动

　　课堂采用线下教学。教师针对线上学习中出现的问题进行重点讲解和指导，有的放矢开展教学。

（三）技能训练

　　进行建筑体型及立面设计，知行合一，培育学生建筑设计能力。

（四）课后拓展

　　通过对建筑设计作业的查缺补漏，引导学生学会打破教条限制，善于自我完善、自我发展。

教 学 设 计

（一）教学准备

1. 情感准备

　　与学生沟通，通过杰出建筑师、优秀建筑案例，鼓励学生，增进感情。

2. 知识准备

　　复习：通过点评学生设计作业，复习建筑剖面设计要点。

　　预习：建筑体型及立面设计的一般原理及方法。

（二）教学架构

（三）实操训练

　　在前期设计基础上，进行××××建筑立面设计（设计任务书见附录一）。

（四）思政教育

根据授课内容，本章主要在爱国主义精神、文化自信、正确自然观三个方面开展思政教育。

（五）教学手段

任务驱动教学、多媒体教学。

（六）效果评价

建议采用注重学生全方位能力评价的集"自我评价＋团队评价＋课堂表现＋教师评价＋自我反馈评价"于一体的评价方法。同时引导学生自我纠错、自主成长并进行学习激励，激发学生学习的主观能动性。

（七）学时建议

2/48（本章建议学时/课程总学时48学时）。

课程导入强调整体与部分辩证关系

著名人物案例：
著名建筑设计大师贝聿铭的成长：有梦想的种子→方向的疑惑→画房子→神奇的小子→对祖国的牵挂→新建筑的风潮→毕业、深造→愈挫愈勇→巴黎的金字塔。

苏州博物馆：是贝聿铭作品之一，借鉴传统的苏州建筑风格，使用白色的灰泥墙，深灰色黏土瓦片屋顶和错综复杂的花园。其几何图形的起伏折叠与苏州地区常见的色调，构成了一个独特的混合体，代表了建筑师在当代建筑语境中重新构想苏州和中国风土人情的雄心。

教 学 过 程 及 内 容

（一）课前引导

1. 课前复习

通过设计作业，引导学生复习建筑剖面设计要点。

2. 课前预习

课前学生进行线上学习。以优秀建筑设计为载体，把优秀作品的设计理念和知识点有机融合，利用线上多样的教学手段，寓教于乐。

3. 学习任务

××××建筑立面设计（设计任务书见附录一）。

（二）课程导入

建筑体型和立面设计是整个建筑设计的重要组成部分。外部体型和立面反映内部空间特征，但不等同于内部空间设计完成后的简单加工处理，应和建筑平、剖面设计同时进行，并贯穿整个设计始终。一般地，从方案设计的开始，就应在功能、物质技术条件等的制约下按照美学原则，考虑建筑体型及立面的雏形，随着设计不断深入，在平、剖面设计的基础上对建筑外部形象从总体到细部反复进行推敲，达到形式与内容的统一，这是建筑体型和立面设计的基本方法。

第一节　影响建筑体型和立面设计的因素

一、使用功能

建筑首先是为了满足人们生产和生活需要而创造出的物质空间环境。房屋外部形象反映建筑内部空间的组合特点，建筑的外部形象设计应尽量反映室内空间的要求，并充分表现建筑物的不同性格特征，达到形式与内容的辩证统一。这正是建筑艺术有别于其他艺术的特点之一。例如，上海大剧院（见图4-1）以巨大而封闭的观众厅、舞台和宽敞明亮的门厅、休息厅三大部分的体量组合及虚实对比表现出剧院建筑明朗、轻快、活泼的性格特征。

二、物质技术条件

建筑不同于一般的艺术品，它必须运用大量的材料并通过一定的结构施工技术等手段才能建成。因此建筑体型及立面设计受到物质技术条件的制约，并反映出结构、材料和施工的特点。一般中小型民用建筑多采用混合结构，由于受到墙体承重及梁板经济跨度的局限，室内空间小，层数不多，开窗面积受到限制，其立面处理可通过外墙面的色

图 4-1　上海大剧院

彩、材料质感、线条及门窗组织等来表现混合结构建筑简洁、朴素、稳重的外观特征。钢筋混凝土框架结构的墙体仅起围护作用，立面开窗较自由，具有简洁、明快、轻巧的外观形象。现代新结构、新材料、新技术使建筑外形设计呈现出千姿百态。各种不同的施工方法对建筑造型也具有一定的影响。采用各种工业化施工方法的建筑，如滑模建筑、升板建筑、大模板建筑、盒子建筑等都具有自己不同的外形特征。

三、城市规划及环境条件

建筑设计受到城市规划、基地环境的制约，要综合考虑建筑基地的地形、地质、气候、方位、朝向、形状、大小等因素，与环境协调统一。位于自然环境中的建筑要因地制宜，结合地形起伏变化使建筑高低错落、层次分明并与环境融为一体。位于城市街道和广场的建筑物，一般由于用地紧张，受城市规划约束较多，建筑造型设计要密切结合城市道路、基地环境、周围原有建筑的风格及城市规划部门的要求等。

四、社会经济条件

建筑外形设计也应严格掌握质量标准，尽量节约资金。要根据建筑物的级别、性质、规模和地区特点等分别在建筑用材、结构类型、内外装修等方面加以区别对待，合理地确定建筑的体型和立面形象，要努力通过建筑整体的艺术形象来表达建筑的美，不要过多地依靠高级装修材料和细部的琐碎装饰。

第二节　建筑构图的基本法则

建筑艺术属于造型艺术，必须遵守造型艺术中形式美的规律。不同时代、不同国家和地区、不同民族，尽管建筑形式千差万别，尽管人们的审美观各不相同，但形式美的规律是被人们普遍承认的，因而具有普遍性。

一、统一与变化

统一与变化，即"统一中求变化""变化中求统一"是形式美的根本法则，广泛适用于建筑设计中。

1. 以简单的几何形体求统一

任何简单的、容易被人们识别的几何体都具有一种必然的统一性，如圆柱体、圆锥体、长方体、正方体、球体等。这些形体也常常用于建筑上，由于它们的形状简单、明确肯定，自然能取得统一。例如，我国古代的天坛、

不同类型建筑
外形特征

中国当代著名
建筑师王澍

运用轴线处理
突出主体案例

园林建筑中的亭、台及某些现代建筑（见图4-2）均以简单的几何形体获得高度统一、稳定的艺术效果。

2. 主从分明，以陪衬求统一

复杂体量的建筑，常常有主体部分和从属部分之分，在造型设计中如果不加区别，建筑则必然会显得平淡、松散，缺乏统一中的变化。恰当地处理主体与从属、重点与一般的关系，使建筑主从分明，以从衬主，就可以加强建筑的表现力，取得完整统一的效果。

（1）运用轴线的处理突出主体。从古至今，对称手法在建筑中运用较为普遍，通常可以采用突出中央入口、突出中央体部、突出中央塔楼及突出两个端部等手法。尤其是纪念性建筑和大型办公建筑常采用这种手法。

（2）以低衬高突出主体（见图4-3）。在建筑外形设计中，可以充分利用建筑高低不同，有意识地强调较高体部，使之形成重点，而其他部分则明显处于从属地位。这种利用体量对比形成的以低衬高，以高控制整体的处理手法是取得完整统一的有效措施。在近代机场建筑中也常常以较高体量的瞭望塔与低而平的候机大厅的对比，取得主从分明、完整统一的效果。

图4-2　玻璃金字塔　　　　图4-3　以低衬高突出主体　　　　图4-4　利用形象变化突出主体

（3）利用形象变化突出主体（见图4-4）。一般地，曲的部分要比直的部分更加引人注目，更易激发人们的兴趣。在建筑造型上运用圆形、折线等比较复杂的轮廓线都可取得突出主体、控制全局的效果。

二、均衡与稳定

均衡是研究建筑物各部分前后左右的轻重关系并使其组合起来，应给人以安定、平稳的感觉。稳定则指建筑整体上下之间的轻重关系，应给人以安全可靠、坚如岩石的效果。均衡与稳定是相互联系的。

在处理建筑物的均衡与稳定时，还应考虑各建筑造型要素之质量轻重感的处理关系。一般地，墙、柱等实体部分感觉上要重一些，门、窗、敞廊等空虚部分感觉要轻一些，材料粗糙的感觉要重一些，材料光洁的感觉要轻一些，色暗而深的感觉上要重一些，色明而浅的感觉要轻一些。此外，经过装饰（如绘画雕刻等）或线条分割后的实体比没有处理的实体，在轻重感上也有很大的区别。建筑物达到稳定往往要求有较宽大的底面，上小下大、上轻下重使整个建筑重心尽量下降而达到稳定的效果，许多建筑在底层布置宽阔的平台式雨篷形成一个形似稳固的基座，或者逐层收分形成上小下大呈三角形或阶梯形状。

三、韵律

韵律是任何物体各要素重复或渐变所形成的一种特性，这种有规律的变化和有秩序的重复所形成的节奏，能产生具有条理性、重复性、连续性为特征的韵律感。建筑物存在着很多重复的因素，如建筑形体、空间、构件，乃至门窗、阳台、凹廊、雨篷、色彩等，有意识地对这些构图因素进行重复或渐变的处理，能使建筑形体以至细部给人以更加强烈而深刻的印象，如没有变化的简单重复，节奏单纯、明确，给人以鲜明的印象，在重复的情况下做有规律的变化，节奏因变化而感觉丰富且有韵味。因此，一定数量的重复是产生节奏和韵律的基本条件，有规律的变化是对节奏和韵律的修饰、调整和补充。

四、对比

一个有机统一的整体，各种要素除按照一定的秩序结合在一起外，必然还有各种差异，对比是特指显著的差异，借助相互之间的烘托、陪衬而突出各自的特点，以求变化；建筑中的对比主要表现在不同大小、不同形式、不同方向，以及曲与直、虚与实、色彩与质感等方面。

五、比例

建筑中的比例主要指形体本身、形体之间、体部与整体之间在度量上的一种比较关系。例如，整幢建筑与单个房间长、宽、高之比，立面中的门窗与墙面之比等。良好的比例能给人以和谐、美好的感受；反之，比例失调就无法使人产生美感。

六、尺度

在设计工作中，除自然尺度外，有时为了显示建筑物的高大、雄伟的气氛采用夸张的尺度，有时为了创造亲切、小巧的气氛，如庭院建筑，常可采用亲切的尺度。

第三节　建筑体型设计

体型是指建筑物的轮廓形状，它反映建筑物总体的体量大小、组合方式及比例尺度等。立面设计是指建筑物的门窗组织、比例与尺度、入口及细部处理、装饰与色彩等。

一、体型的组合

1. 单一体型

单一体型是将复杂的内部空间组合到一个完整的体型中去，见图4-5。外观各面基本等高，平面多呈正方形、矩形、圆形、Y形等。这类建筑的特点是明显的主从关系和组合关系，造型统一、简洁、轮廓分明，给人以鲜明而强烈的印象，也可以将复杂的功能关系、多种不同用途的大小房间合理、有效地加以简化、概括在简单的平面空间形式之中，便于采用统一的结构布置。

2. 单元组合体型

单元组合体型是一般民用建筑如住宅、学校、医院等常采用的一种组合方式（见图4-6）。它是将几个独立体量的单元按一定方式组合起来。这种组合体型结合基地大小、形状、朝向、道路走向、地形变化，建筑单元可随意增减，高低错落，既可形成简单的一字形体型，也可形成锯齿形、台阶式体型；建筑物没有明显的均衡中心及体型的主从关系。这就要求单元本身具有良好的造

均衡案例

天坛祈年殿

他山之石（对比）
巴西利亚国会大厦

比例的常用设计方法

用联系的观点理解体型与立面的关系：体型和立面是建筑相互联系不可分割的两个方面。只有将两者作为一个有机的整体统一考虑，才能获得完美的建筑形象。

型，由于单元的连续重复，形成了强烈的韵律感。

图 4-5　单一体型

图 4-6　单元组合体型

3. 复杂体型

复杂体型是由两个以上的体量组合而成的，体型丰富，更适用于功能关系比较复杂的建筑物。由于复体型存在着多个体量，多个体量之间应根据功能要求将建筑物分为主要部分和次要部分，分别形成主体和附体。进行组合时应突出主体、重点、有中心、主从分明，巧妙结合以形成有组织、有秩序，而不杂乱的完整统一体。运用体量的大小、形状、方向、高低、曲直、色彩等方面的对比，可以突出主体，破除单调感，从而求得丰富、变化的造型效果。

4. 体型组合的均衡与稳定

建筑物由具有一定重量感的材料建成的，一旦失去均衡就会使建筑物轻重不均，失去稳定感。体型组合的均衡包括对称与非对称两种方式（见图 4-7 和图 4-8）。

图 4-7　对称体型

图 4-8　不对称体型

对称体型具有明确的中轴线，建筑物各部分的主从关系分明，形体比较完整，给人以端正、庄严的感觉，多为古典建筑所采用，一些纪念性建筑、大型会堂等，为了使建筑物显得庄重、严肃，也采用对称体型。不对称体型，其特点是布局比较灵活自由，能适应各种复杂的功能关系和不规则的基地形状，在造型上容易使建筑物取得轻快、活泼的表现效果，常为医院、疗养院、园林建筑、旅游建筑等采用。

对称体型设计方法：在对称体型中，由于其主从关系分明，形体完整，重点运用对比与微差、韵律与节奏和比例与尺度规律。对称的构图是均衡的，容易取得完整的效果。

不对称体型设计方法：在不对称体型组合中，应特别注意均衡与稳定、主从与重点的处理。对于非对称方式要特别注意各部分体量大小变化，以求得视

他山之石：
　　美国建筑师赖特设计的流水别墅：建于幽雅的山泉峡谷之中，造型多变，高低悬挑的钢筋混凝土平台纵横错落、互相穿插，凌跃于奔泻而下的瀑布之上，建筑与山石、流水、树林的巧妙结合使建筑融入环境之中。

人民大会堂

觉上的均衡。

二、体型的转折与转角处理

转折主要是指建筑物依据道路或地形的变化而做相应的曲折变化。因此这种形式的临街部分实际上是长方形平面的简单变形和延伸，具有简洁流畅、自然大方、完整统一的外观形象。位于转角地带建筑的体型常采用主附体相结合，以附体陪衬主体、主从分明的方式。也可采取局部体量升高以形成塔楼的形式，以塔楼控制整个建筑物及周围道路，使交叉口、主要入口更加醒目。建筑物结合地形，巧妙地进行转折与转角处理，不仅可以扩大组合的灵活性，适应地形的变化，而且可使建筑物显得更加完整统一（见图4-9）。

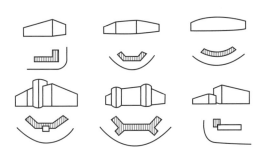

图 4-9　体型的转折与转角

三、体型的联系与交接

复杂体型中，各体量之间的高低、大小、形状各不相同，如果连接不当，不仅影响体型的完整性，甚至会直接破坏使用功能和结构的合理性。体型设计中常采取的连接方式见图4-10。

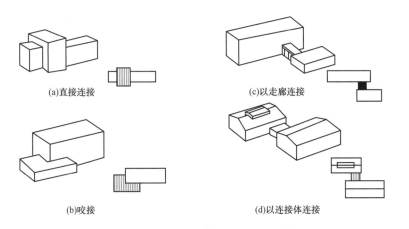

(a)直接连接　　　　　(c)以走廊连接

(b)咬接　　　　　(d)以连接体连接

图 4-10　复杂体型各体量之间的连接方式

（1）直接连接。在体型组合中，将不同体量直接相贴，称为直接连接。这种方式体型分明、简洁、整体性强，常用于在功能上要求各房间联系紧密的建筑。

（2）咬接。各体量之间相互穿插的组合关系。虽体型较复杂、组合紧凑、整体性强，但易于获得整体效果。

体型的转折与
转角处理案例

直接连接

咬接

以走廊或连接体相连

（3）以走廊或连接体相连。各体量之间相对独立而又互相联系，开敞或封闭、单层或多层的走廊常随不同功能、地区特点、创作意图而定，建筑给人以轻快、舒展的感觉。

第四节　建筑立面设计

建筑立面设计是指对建筑物某表面的门窗组织、比例与尺度、入口及细部构造、装饰与色彩等的设计。建筑立面是由许多部件组成的，这些部件包括门窗、墙柱、阳台、遮阳板、雨篷、檐口、勒脚、花饰等。立面设计就是恰当地确定这些部件的尺寸大小、比例关系及材料色彩等，并通过形的变换、面的虚实对比、线的方向变化等求得外形的统一与变化，以及内部空间与外形的协调统一。进行立面处理、立面设计应重点处理好以下几点。

一、立面的比例与尺度

比例适当、尺度正确是立面完整统一的重要内容。立面的比例和尺度的处理是与建筑功能、材料性能和结构类型分不开的。由于使用性质、容纳人数、空间大小、层高等不同，形成全然不同的比例和尺度关系。砖混结构的建筑，由于受结构和材料的限制，开间小，窗间墙又必须有一定的宽度，因而窗户多为狭长形，尺度较小。框架结构的建筑，柱距大，柱子断面尺度小，窗户可以开得宽大而明亮，与前者在比例和尺度上有较大的差别。建筑立面常借助于门窗、细部等的尺度处理反映出建筑物的真实大小。由于立面局部处理得当，从而获得应有的尺度感（见图 4-11）。

实多虚少案例

虚多实少案例

水平线条的运用

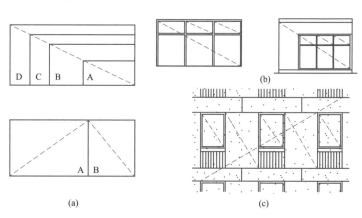

图 4-11　以相似比例求统一

二、立面实虚与凹凸的对比

建筑立面中"虚"的部分泛指门窗、空廊、凹廊等，常给人以轻巧、通透的感觉，"实"的部分指墙、柱、栏板等，给人以厚重、封闭的感觉。建筑外观的虚实关系主要是由功能和结构要求决定的。充分利用这两方面的特点，巧妙地处理虚实关系可以获得轻巧生动、坚实有力的外观形象。

由于功能和构造上的需要，建筑外立面常出现一些凹凸部分。凸的部分一般有阳台、雨篷、遮阳板、挑檐、凸柱、凸出的楼梯间等，凹的部分有凹廊、门洞等。通过凹凸关系的处理可以加强光影变化，增强建筑物的立体感，丰富平面效果。住宅建筑常常利用阳台和凹廊形成虚实、凹凸变化。

三、立面线条的变化

任何线条本身都具有一种特殊的表现力和多种造型的功能。从方向变化来看，垂直线具有挺拔、高耸、向上的气氛；水平线使人感到舒展与连续、宁静与亲切；斜线具有动态的感觉；曲线给人以柔和流畅、轻快活跃的感觉；网格线有丰富的图案效果，给人以生动、活泼而有秩序的感觉。从粗细、曲折变化来看，粗线条表现厚重、有力；细线条具有精致、柔和的效果；直线表现刚强、坚定；曲线则显得优雅、轻盈。

建筑立面上客观存在着各种各样的线条，如立柱、墙垛、窗台、遮阳板、檐口、通长的栏板、窗间墙、分格线等。任何好的建筑，立面造型中千姿百态的优美形象也正是通过各种线条在位置、粗细、长短、方向、曲直、疏密、繁简、凹凸等方面的变化而形成的。

竖向线条的运用

纵横交错的网格线条的运用

课 后 拓 展 学 习

建筑美学赏析。

课 后 实 操 训 练

在前期设计基础上，进行××××建筑立面设计（设计任务书见附录一）。

教 学 评 价 与 检 测

评价依据：

（1）建筑立面设计。

（2）理论测试题。

1）影响体型及立面设计的因素有哪些？

2）用图例加以说明建筑构图原则。

3）建筑体型组合有哪几种方式？以图例进行分析。

4）简要说明建筑立面的处理手法。

5）体量的联系与交接有哪几种方式？试举例说明。

第五章 建筑构造概论

教 学 目 标

（一）总体目标

通过本章的学习，使学生了解影响建筑构造的因素和设计原则，理解建筑物的结构体系特点，掌握建筑物的组成及各组成部分的作用。通过施工图案例分析，培养学生识读建筑施工图的能力。以建筑构造组成为内容，感悟建筑构造中整体与部分的辩证关系，增强学生的协作意识和集体观念；以不同建筑结构为载体，引导学生正确处理个性与共性的辩证关系，培养正确的人生观、世界观、价值观。

（二）具体目标

1. 知识目标

（1）了解影响建筑构造的因素和设计原则。

（2）理解建筑结构体系特点。

（3）掌握建筑物的组成及各组成部分的作用。

2. 能力目标

（1）能够识读一般民用建筑工程施工图的能力。

（2）能够综合各种因素选择适用、安全、经济合理的构造方案。

3. 素质目标

（1）以建筑构造组成为内容，增强学生的协作意识和集体观念。

（2）以不同建筑结构为载体，引导学生正确处理个性与共性的辩证关系，培养正确的人生观、世界观、价值观。

教 学 重 点 和 难 点

（一）重点

（1）建筑构造组成。

（2）建筑构造组成部分的作用。

（二）难点

建筑结构体系的特点。

教 学 策 略

本章是房屋建筑学民用建筑构造的概论，起着承前启后的重要作用，主要讲述建筑构造的组成和各组成部分的作用、建筑构造的设计原则及影响因素。为帮助学生树立学好建筑构造的自信心，克服畏难情绪，采取"课前引导—课中对比教学—课后拓展"的教学策略。

（一）课前引导

围绕民用建筑构造，引导学生复习土木工程制图、土木工程材料等前期学过的专业基础课程并进行测试，为课程学习进行知识储备。

（二）课中对比教学

课堂教学教师对比讲解不同建筑结构中各组成部分的共性与个性，通过案例对比分析，把专业教学和三观培育有机结合。

（三）课后拓展

引导学生自主学习与本课程相关的其他专业知识，既可培养学生自主学习的能力，又可为进一步开展课程学习的顺利进行提供保障。

教 学 设 计

（一）教学准备

1. 情感准备

与学生沟通，了解学情，鼓励学生，增进感情。

2. 知识准备

复习：通过设计作业，引导学生复习建筑剖面设计要点及"土木工程制图"中节点详图等的绘制。

预习：建筑构造概述的内容。

（二）教学架构

（三）思政教育

根据授课内容，本章主要在协作意识、集体观念及马克思主义的人生观、世界观、价值观等方面开展思政教育。

（四）教学方法

任务驱动教学、多媒体教学。

（五）效果评价

建议采用注重学生全方位能力评价的集"自我评价＋团队评价＋课堂表现＋教师评价＋自我反馈评价"于一体的评价方法。同时引导学生自我纠错、自主成长并进行学习激励，激发学生学习的主观能动性。

建筑结构中各部分各司其职、相互协作的整体与部分辩证关系，体会树立协作意识、增强集体观念的意义，敦促学生站稳人民立场，投身强国伟业，始终同亿万人民一道，在实现中华民族伟大复兴中国梦的新长征路上奋勇搏击。

（六）学时建议

1/48（本章建议学时/课程总学时 48 学时）。

教 学 过 程 及 内 容

（一）课前引导

1. 课前复习

通过设计作业，引导学生复习建筑设计要点及"土木工程制图"中节点详图等的绘制。

2. 课前预习

学生自学建筑构造概述的内容。

（二）课程导入

建筑构造是一门研究建筑物各组成部分的构造原理和构造方法的学科。它是建筑设计不可分割的一部分，其任务是根据建筑的功能、材料、性能、受力情况、施工方法和建筑艺术等要求选择经济合理的构造方案，以作为建筑设计中综合解决技术问题及进行施工图设计的依据。

第一节　建筑物的构造组成

民用建筑通常是由基础、墙体或柱、楼板层、楼梯、屋顶、地坪、门窗等几大主要部分组成，它们在建筑的不同部位发挥着不同的作用。除了上述主要组成部分之外，还有如阳台、雨篷、台阶、散水、通风道等一些附属的构配件，称为建筑的次要组成部分（见图 5-1 和图 5-2）。

一、基础

基础是建筑物最下部的承重构件，承担建筑的全部荷载，并把这些荷载有效地传给地基。基础作为建筑的重要组成部分，是建筑物的立足根基，应具有足够的强度、刚度及耐久性，并能抵抗地下各种不良因素的侵袭。

二、墙体和柱

墙体和柱是建筑物的竖向承重和围护构件。承重的墙体承担屋顶和楼板层传来的荷载，并传递给基础。外墙应具备抵御自然界各种因素对室内侵袭的围护功能。内墙具有在水平方向划分建筑内部空间、创造适用的室内环境的作用。墙体应具有足够的强度、稳定性，良好的热工性能及防火、隔声、防水、耐久性能，方便施工和良好的经济性。

三、屋顶

屋顶是建筑顶部的承重和围护构件，除承担屋面荷载外，还应抵御自然界不利因素的侵袭，屋顶又是建筑体型和立面的重要组成部分，其外观形象也应得到足够的重视。

四、楼板（地）层

楼板层是楼房建筑中的水平承重构件，同时还兼有在竖向划分建筑内部空

通过不同建筑结构中各组成部分的共性与个性对比分析，感悟不同结构构造组成之间个性与共性的辩证关系，培养学生辩证唯物主义人生观、世界观、价值观。

营造法式

间的功能。楼板承担建筑的楼面荷载并把这些荷载传给墙或梁，同时对墙体起水平支撑的作用。楼板层应具有足够的强度、刚度，并应具备相当的防火、防水、隔声的能力。

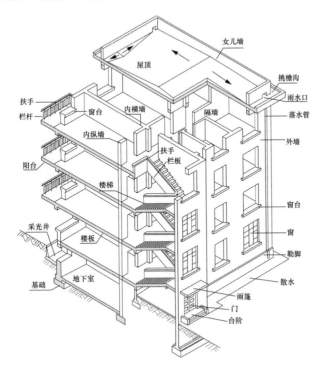

图 5-1 房屋（墙承重式结构）的构造组成

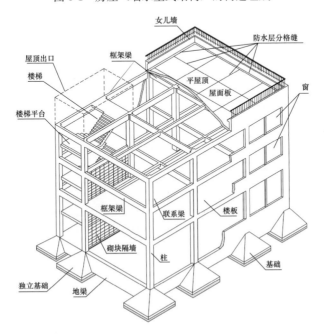

图 5-2 房屋（骨架承重式结构）的构造组成

地坪是建筑底层房间与下部土层相接触的部分，它承担着底层房间的地面荷载。由于地坪下面往往是夯实的土壤,所以强度要求比楼板低。地坪面层直接同人体及家具设备接触,要具有良好的耐磨、防潮及防水、保温的性能。

五、楼梯

楼梯是建筑中联系上下各层的垂直交通设施,平时供人们交通使用,在特殊情况下供人们紧急疏散。由于楼梯关系到建筑使用的安全性,因此在宽度、坡度、数量、位置、布局形式、细部构造及防火性能等方面均有严格的要求。

六、门窗

门主要供人们内外交通及搬运家具设备之用,同时还兼有分隔房间、采光通风和围护的作用。由于门是人及家具设备进出建筑和房间的通道,要满足交通和疏散的要求,因此应有足够的宽度和高度,其数量、位置和开启方式也应符合有关规范的要求。

窗的作用主要是采光和通风,同时也是围护结构的一部分,在建筑的立面形象中也占有相当重要的地位。由于制作窗的材料往往比较脆弱和单薄、造价较高,同时窗又是围护结构的薄弱环节,因此在寒冷和严寒地区应合理控制窗的面积。改善窗的热工性能也是建筑节能的重要内容。

第二节　建筑构造的影响因素和设计原则

由于建筑是建造在自然环境当中的,因此建筑的使用质量和使用寿命就要经受自然界各种因素的考验,同时还要充分考虑人为因素对建筑的影响。为使建筑能够充分发挥其使用功能,延长建筑的使用年限,在进行建筑构造设计时,必须对建筑构造的影响因素进行综合分析,制定技术上可行、经济上合理的构造设计方案。

一、建筑构造的影响因素

1. 外力作用的影响

直接作用在建筑的外力统称为荷载,荷载可分为恒荷载和活荷载两大类。恒荷载主要是指建筑的自重,活荷载包含的内容比较广泛,如人体、家具、设备的重力。风、雨、雪荷载和地震荷载也属于活荷载。

2. 自然界其他因素的影响

我国地域辽阔,自然环境差异较大,不同的气候条件对房屋的影响也不尽相同,应当根据当地的实际情况对房屋的各有关部位采取相应的构造措施,如保温、隔热、防潮、防水、防冻胀、防温度变形破坏等,以保证房屋的正常使用。

3. 人为因素的影响

人们在房屋内部从事的生产、生活、学习和娱乐等活动往往会对房屋产生不同的影响。如噪声、振动、化学辐射、爆炸、火灾等都属于人为因素的影响。房屋的构造应当具备抵御这些不良因素的能力,应通过在相应的部位采取可靠的构造措施提高房屋的生存能力,避免遭受不应有的损失。

4. 技术和经济条件的影响

随着科技的发展,各种新材料、新工艺、新技术不断涌现,建筑构造也要根据行业发展的现状和趋势进行不断调整,推陈出新。经济水平的提高也会对建筑构造产生影响,如弱电技术、智能系统、高档装修在建筑中的逐步普及,对建筑构造也提出了新的要求。

二、建筑构造的设计原则

1. 满足建筑使用功能的要求

使用功能不同对建筑构造的要求也不相同。根据使用功能要求,综合运用有关的技术知识,反复比较，选择合理的房屋构造方案。

2. 确保结构安全

构造方案应保证房屋的整体刚度，安全可靠，经久耐用。

3. 适应建筑工业化和建筑施工技术的需要

应尽量采用标准设计和通用构配件，使构配件的生产工厂化，节点构造定型化、通用化，为机械化施工创造条件，以适应建筑工业化的需要。

4. 注重社会、经济和环境效益

充分考虑建筑的综合效益，注重环境保护，在确保工程质量的同时，降低工程造价。

5. 注重美观

构造处理对建筑的整体美观有很大的影响，是营造精品建筑的关键环节。

总之，应本着适用、安全、经济、美观的原则，对建筑构造方案进行分析，做出最佳选择。

课 后 拓 展 学 习

学习或熟悉绘图软件。

教 学 评 价 与 检 测

评价依据：理论测试题。

（1）学习建筑构造的意义何在？

（2）建筑物的基本组成有哪些？它们的主要作用是什么？

（3）影响建筑构造的主要因素有哪些？

（4）建筑构造设计应遵循哪些原则？

第六章 墙体与基础

教 学 目 标

（一）总体目标

通过本章的学习，使学生了解墙体分类和设计要求，理解块材墙的组砌方式、各主要节点的作用、隔墙的类型和作用、墙面装修的作用和分类及基础的作用和类型等；掌握块材墙、隔墙及幕墙的细部构造，掌握墙身的加固原理和措施，掌握墙体变形缝的构造，墙面的装修做法；掌握基础及地下室构造。通过理论联系实际建筑，并以大国工匠为楷模，培育学生求真务实、实践创新、精益求精的工匠精神，激发学生积极投身于新时代中国特色社会主义建设，勇于承担民族复兴的时代重任。

（二）具体目标

1. 知识目标

（1）了解各类墙体的作用、分类、构造要求和承重方案。

（2）理解普通黏土砖的技术指标、尺寸和组砌方式。

（3）理解墙体各主要节点及墙面装修的作用。

（4）理解基础及地下室的作用和类型。

（5）掌握块材墙、隔墙及幕墙的细部构造。

（6）掌握墙体变形缝的设置原则及构造处理。

（7）掌握基础及地下室构造。

2. 能力目标

（1）能够识读并绘制墙身大样图、基础详图等。

（2）能够结合工程实际确定墙体构造方案。

（3）能够结合工程实际确定基础及地下室构造方案。

3. 综合素质目标

（1）培育学生求真务实、实践创新、精益求精的工匠精神。

（2）激发学生积极投身于新时代中国特色社会主义建设，勇于承担民族复兴的时代重任。

教 学 重 点 和 难 点

（一）重点

（1）墙体细部构造。

（2）墙体变形缝的设置原则及构造处理。

（3）基础及地下室构造。

（二） 难点

（1）墙体变形缝的设置原则及构造处理。

（2）地下室防潮、防水构造。

教 学 策 略

墙体是建筑的重要组成部分，墙和基础是建筑物重要的承重结构，设计中需要满足强度、刚度和稳定性的结构要求。同时墙体也是建筑物重要的围护结构，设计中需要满足不同的使用功能和热工要求。墙体按不同的分类方式有多种类型。针对本章内容多、难度大的特点，以"课前引导—课中教学互动—技能训练—课后拓展"的教学主线，根据每部分教学内容的特点、实习单位工程的进度等，采取灵活多样的方式进行。

（一） 课前引导

根据每部分教学内容的特点、实习单位工程的进度等，以参观、调研、企业导师课外辅导、观看大国工匠事迹等方式提前介入学生学习过程，为课程学习进行知识储备和情绪酝酿。

（二） 课中教学互动

课堂教学中，教师采取案例分析、典型引领、互动讨论、边学边练等灵活多样的方式进行，使理论和实践紧密结合、知行合一。

（三） 技能训练

引导学生运用课堂所学专业知识绘制外墙大样图，培育学生识读和绘制施工图的能力。

（四） 课后拓展

引导学生自主学习与本课程墙体相关的新技术、新材料、新工艺，培养学生创新能力。

教 学 设 计

（一） 教学准备

1. 情感准备

以参观、调研、企业导师课外辅导、观看大国工匠事迹和基建奇迹等方式，激发学生勇担时代重任，为课程学习进行情感导入。

2. 知识准备

复习：前期课程中建筑构造的相关知识、设计原则。

预习：墙体、基础及地下室的构造处理。

（二） 教学架构

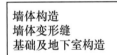
墙体构造
墙体变形缝
基础及地下室构造

专业培养　思政教育

工匠精神
勇担时代重任

（三） 实操训练

外墙大样图（设计任务书见附录二）。

（四） 思政教育

根据授课内容，本章主要培养学生求真务实、实践创新、精益求精的工匠精神，激发学生积极投身于国家建设，勇担时代重任。

（五） 教学方法

参观、调研、企业导师课外辅导、多媒体教学、线上线下混合式教学、小组学习、互动讨论等。

（六） 效果评价

采用注重学生全方位能力评价的"五位一体评价法"，即自我评价（20%）＋团队评价（20%）＋课堂表现（20%）＋教师评价（20%）＋自我反馈（20%）评价法。同时引导学生自我纠错、自主成长并进行学习激励，激发学生学习的主观能动性。

（七） 学时建议

8/48（本章建议学时/课程总学时 48 学时）。

教 学 过 程 及 内 容

（一） 课前引导

1. 课前复习

前期课程中建筑构造的相关知识、设计原则。

2. 课前预习

结合实习单位在建工程的进度，以参观、调研、企业导师课外辅导、观看大国工匠事迹等方式提前介入学生学习过程，为课程学习进行知识储备和情绪酝酿。

3. 学习任务

绘制外墙大样图（设计任务书见附录二）。

（二） 课程导入

墙和基础是建筑物重要的承重结构，需要满足强度、刚度和稳定性的结构要求。墙体应满足不同的使用功能和热工要求；地下室满足防水、防潮的要求。随着科技的发展，各种新材料、新工艺、新技术不断涌现，墙体和基础不断推陈出新。

第一节　墙体类型及设计要求

一、墙体类型

（1）墙体按所处的位置不同可分为外墙和内墙；墙体沿建筑物长轴方向布置的墙称为纵墙，沿建筑物短轴方向布置的墙称为横墙，外横墙又称山墙；

课程导入由大国工匠引入，培养学生求真务实、实践创新、精益求精的工匠精神。

著名人物案例：鲁班（公元前 507 年 － 公元前 444 年），春秋时期鲁国人，姬姓，公输氏，字依智，名班，人称公输盘、公输般、班输，尊称公输子，又称鲁盘或者鲁般，惯称"鲁班"。鲁班的名字实际上已经成为古代劳动人民智慧的象征。

温故：复习课程土木工程材料

窗与窗、窗与门之间的墙为窗间墙，窗洞下部的墙为窗下墙，屋顶上部的墙为女儿墙等（见图 6-1）。

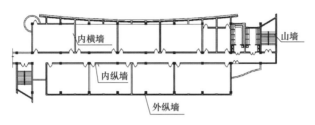

图 6-1　墙按位置及方向分类

（2）墙体根据受力情况不同可分为承重墙和非承重墙。凡直接承受楼板（梁）、屋顶等传来荷载的墙称为承重墙，不承受这些外来荷载的墙称为非承重墙。仅起分隔空间作用，自身重力由楼板或梁来承担的墙称为隔墙；在框架结构中，填充在柱子之间的墙称为填充墙；悬挂在建筑物外部的轻质墙称为幕墙（见图 6-2）。

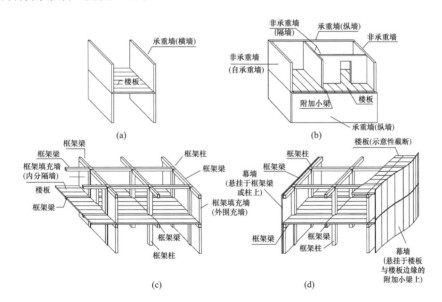

图 6-2　墙按受力分类

（3）墙体按所用材料的不同有砖和砂浆砌筑的砖墙、利用工业废料制作的各种砌块砌筑的砌块墙、现浇或预制的钢筋混凝土墙、石块和砂浆砌筑的石墙等。

（4）墙体按构造形式不同可分为实体墙、空体墙和复合墙（见图 6-3）。

（5）墙体按施工方法不同可分为块材墙、板筑墙和板材墙。

（6）墙体的承重方案。墙体有横墙承重体系、纵墙承重体系、纵横墙承重体系三种承重方案（见图 6-4）。

1）横墙承重体系。将楼板及屋面板等水平承重构件搁置在横墙上，楼面及屋面荷载依次通过楼板、横墙、基础传递给地基。由于横墙起主要承重作用，且间距较密，因此建筑物的横向刚度较强，整体性好，有利于抵抗水平荷载（风荷载、地震作用等）和调整地基不均匀沉降。而且墙的稳定性与墙的高度、长度和厚度及纵横向墙体间的距离有关。墙的稳定性可通过验算确定。可采用限制墙体高厚比例、增加墙厚、提高砌筑砂浆强度等级、增加墙垛、设置构造柱和圈梁、墙内加筋等办法来保证墙体的稳定性。

外墙冬季传热过程

隔声案例
墙面装饰吸声板

解读《建筑设计防火规范》（GB 50016—2014）对墙体的要求，传递职业操守与底线。

墙体承重方案不同，结构的抗震性能有较大差异，此处强调建筑防震性能，培养学生安全意识。

墙的强度是指附体承受荷载的能力，它与所采用的材料、材料强度等级、墙体的截面面积、构造和施工方式有关。作为承重墙的墙体，必须具有足够的强度以保证结构的安全。

由于纵墙只承担自身质量，因此在纵墙上开门窗洞口限制较少。但是横墙间距受到限制，建筑开间尺寸不够灵活，墙体所占的面积较大。这一布置方式适用于房间开间尺寸不大、墙体位置比较固定的建筑，如宿舍、旅馆、住宅等。

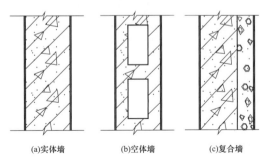

(a)实体墙 　　(b)空体墙 　　(c)复合墙

图 6-3　墙按构造形式分类

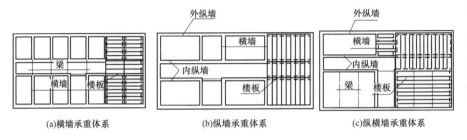

(a)横墙承重体系 　(b)纵墙承重体系 　(c)纵横墙承重体系

图 6-4　墙体的承重方案

2）纵墙承重体系。将楼板及屋面板等水平承重构件均搁置在纵墙上，横墙只起分隔空间和连接纵墙的作用。楼面及屋面荷载依次通过楼板（梁）、纵墙、基础传递给地基。由于纵墙承重，故横墙间距可以增大，能分隔出较大的空间。在北方地区，外纵墙因保温需要，其厚度往往大于承重所需的厚度，纵墙承重使较厚的外纵墙充分发挥了作用。但由于横墙不承重，这种方案抵抗水平荷载的能力比横墙承重差，其纵向刚度强而横向刚度弱，而且承重纵墙上开设门窗洞口有时受到限制。这一布置方式适用于使用上要求有较大空间的建筑，如办公楼、商店和教学楼中的教室、阅览室等。

3）纵横墙承重体系。承重墙体由纵横两个方向的墙体组成，纵横墙承重方式平面布置灵活，两个方向的抗侧力都较好。这种方式适用于房间开间、进深变化较多的建筑，如医院、幼儿园等。

二、墙体的设计要求

（1）具有足够的强度和稳定性。

（2）满足保温隔热等热工方面的要求。我国北方地区气候寒冷，墙厚根据热工计算确定，并防止外墙内表面与保温材料内部出现凝结水现象，构造上要防止热桥的产生。通过加厚墙体、选择导热系数小的材料、设置隔汽层等方法提高墙体保温性能和耐久年限，见图6-5和图6-6。

我国南方地区气候炎热，除考虑朝阳、通风等因素外，外墙可选择浅色而平滑的外饰面、设置遮阳设施、利用植被降温等措施提高墙体的隔热能力（见图6-7）。

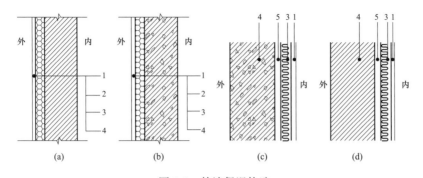

图6-5　外墙保温构造

1—饰面层；2—纤维增强层；3—保温层；4—墙体；5—空气层

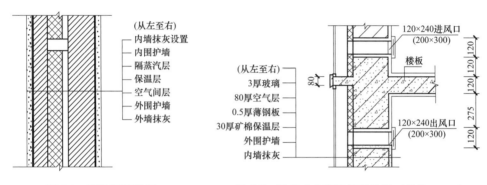

图6-6　隔汽层的设置　　　　图6-7　被动式太阳房墙体构造（单位：mm）

（3）满足隔声要求。墙体通过选用重力密度大的材料、加大墙厚、在墙中设空气间层等措施提高墙体的隔声能力。

（4）满足防火要求。应符合防火规范中相应的构件燃烧性能和耐火极限的规定。当建筑的占地面积或长度较大时，还应按防火规范要求设置防火墙，防止火灾蔓延。

（5）满足防水、防潮要求。在卫生间、厨房、实验室等用水房间的墙体，以及地下室的墙体通过选用良好的防水材料及恰当的构造做法，保证墙体满足防水、防潮要求。

（6）满足建筑工业化要求。建筑工业化的关键是墙体改革，可通过提高机械化施工程度来提高工效、降低劳动强度，并应采用轻质高强度的墙体材料，以减轻自重、降低成本。

第二节　块材墙构造

一、块材墙材料

复习课程土木工程材料中关于块材墙材料的内容。

二、块材墙的组砌方式

组砌是指砌块在砌体中排列。在砖墙的组砌中，长边平行于墙面砌筑的砖称为顺砖，垂直于墙面砌筑的砖称为丁砖（见图6-8）。

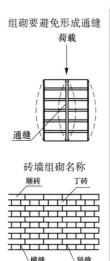

组砌要避免形成通缝

荷载

通缝

砖墙组砌名称

顺砖   丁砖

横缝   竖缝

遵守职业操守
与底线：
下面网址可以
查阅我国的规范及
标准。
国家建筑标准
设计网（chinabuild-
ing. com. cn）

外墙墙脚

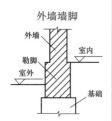

内墙墙脚

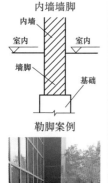

勒脚案例

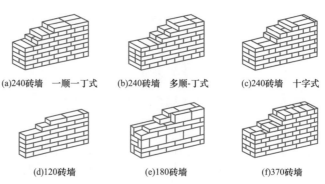

(a)240砖墙　一顺一丁式　(b)240砖墙　多顺-丁式　(c)240砖墙　十字式

(d)120砖墙　　　　(e)180砖墙　　　　(f)370砖墙

图 6-8　砖墙的砌筑方式

三、块材墙的尺度

（1）砖墙的厚度习惯上以砖长为基数来称呼，如半砖墙、一砖墙、一砖半墙等。工程上以它们的标志尺寸来称呼，如12墙、24墙、37墙等（见图6-9）。

（2）墙段长度和洞口尺寸应符合《建筑模数协调标准》（GB/T 50002－2013）的规定，且应满足结构需要的最小尺寸，以避免应力集中在小墙段上而导致墙体的破坏，对转角处的墙段和承重窗间墙尤其应注意。

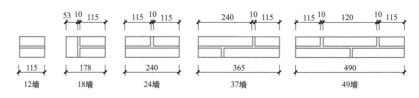

图 6-9　常用墙厚尺寸（单位：mm）

四、块材墙的细部构造

1. 墙脚构造

（1）勒脚。勒脚一般是指室内地坪以下、室外地面以上的这段墙体。勒脚的作用是防止外界碰撞、地表水对墙脚的侵蚀，增强建筑物立面美观，所以要求勒脚坚固、防水和美观。勒脚一般采用以下几种构造做法（见图6-10）。

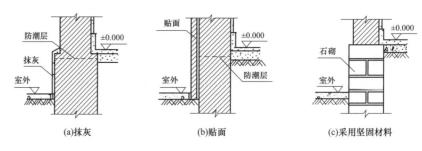

(a)抹灰　　　　(b)贴面　　　　(c)采用坚固材料

图 6-10　勒脚做法

1）对一般建筑，可采用20mm厚1：3水泥砂浆抹面、1：2水泥白石子水刷石或斩假石抹面。

2）标准较高的建筑，可用天然石材或人工石材贴面，如花岗石、水磨石等。

　　3）整个勒脚采用强度高、耐久性和防水性好的材料砌筑，如条石、混凝土等。

　　（2）墙身防潮层。在墙身中设置防潮层的目的是防止土壤中的水分沿基础墙上升，防止位于勒脚处的地面水渗入墙内，使墙身受潮。因此，必须在内外墙脚部位连续设置防潮层（见图6-11）。防潮层按构造形式可分为水平防潮层和垂直防潮层。

　　水平防潮层一般应在室内地面不透水垫层（如混凝土垫层）范围以内，通常在-0.060m标高处设置，而且至少要高于室外地坪150mm，以防雨水溅湿墙身。当地面垫层为透水材料时（如碎石、炉渣等），水平防潮层的位置应平齐或高于室内地面60mm，即在$+0.060$m标高处设置。当两相邻房间之间室内地面有高差时，应在墙身内设置高低两道水平防潮层，并在靠土壤一侧设置垂直防潮层，以避免回填土中的潮气侵入墙身。

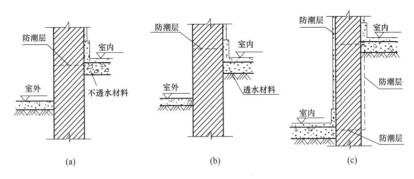

图6-11　防潮层的位置

　　按材料的不同，水平防潮层一般有油毡防潮层、防水砂浆防潮层、细石混凝土防潮层等（见图6-12）。

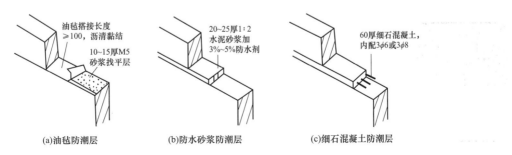

图6-12　墙身水平防潮层构造做法（单位：mm）

　　1）油毡防潮层。在防潮层部位先抹20mm厚的水泥砂浆找平层，然后干铺油毡一层或用沥青胶粘贴一毡二油。油毡防潮层防潮效果好，但削弱了砖墙的整体性和抗震能力。

　　2）防水砂浆或防水砂浆砌砖防潮层。在防潮层位置抹一层20mm或30mm厚1：2水泥砂浆掺5％的防水剂配制成的防水砂浆；防水砂浆砌筑4～6皮砖，用防水砂浆做防潮层适用于抗震地区、独立砖柱和振动较大的砖砌体中，但砂浆开裂或不饱满时会影响防潮效果。

　　3）细石混凝土防潮层。在防潮层位置铺设60mm厚C15或C20细石混凝土，内配3ϕ6或3ϕ8钢筋以抗裂，防潮效果好，整体刚度好。

　　垂直防潮层，在需设垂直防潮层的墙面（靠回填土一侧）先用水泥砂浆抹面，刷上冷底子油一道，再刷热沥青两道；也可以采用掺有防水剂的砂浆抹面的做法。

（3）明沟与散水。为了防止屋顶落水或地表水侵入勒脚危害基础，必须沿外墙四周设置明沟或散水，将地表水及时排离。明沟是设置在外墙四周的排水沟，将水有组织地导向集水井，然后流入排水系统。明沟一般用素混凝土现浇，或用砖石铺砌成180mm宽、150mm深的沟槽，然后用水泥砂浆抹面，沟底应有不小于1%的坡度，以保证排水通畅（见图6-13）。明沟适用于降雨量较大的南方地区。

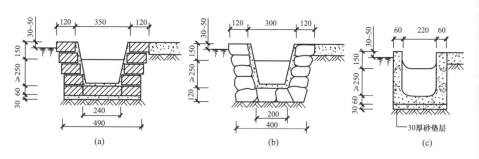

图 6-13　明沟构造做法（单位：mm）

散水是沿建筑物外墙设置的倾斜坡面，坡度一般为3%～5%（见图6-14）。散水又称散水坡或护坡。散水可用水泥砂浆、混凝土、砖、块石等材料做面层，其宽度一般为600～1000mm。当屋面为自由落水时，散水宽度应比屋檐挑出宽度大150～200mm。由于建筑物的沉降和勒脚与散水施工时间的差异，在勒脚与散水交接处应留有缝隙，缝内填粗砂或碎石子，上嵌沥青胶盖缝，以防渗水。散水整体面层纵向距离每隔6～12m做一道伸缩缝，缝内处理和勒脚与散水相交处构造相同。散水适用于降雨量较小的北方地区。季节性冰冻地区的散水还需在垫层下加设防冻胀层。防冻胀层应选用砂石、炉渣石灰土等非冻胀材料，其厚度可结合当地经验采用。

散水案例

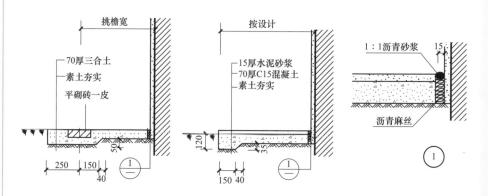

图 6-14　散水构造做法（单位：mm）

2. 门窗过梁

过梁是用来支承门窗洞口上部的砌体和楼板传来的荷载，并把这些荷载传给洞口两侧墙体的承重构件。过梁一般采用钢筋混凝土材料制作，过去也有采用砖砌平拱过梁和钢筋砖过梁。在较大振动荷载、可能产生不均匀沉降，以及有抗震设防要求的建筑中，不宜采用砖砌平拱过梁和钢筋砖过梁。

钢筋混凝土过梁承载力强，一般不受跨度的限制（见图 6-15）。过梁宽度一般同墙厚，其高度及配筋应由计算确定，为了防止雨水沿门窗过梁向外墙内侧流淌，过梁底部外侧抹灰时要做滴水。过梁的断面形式有矩形和 L 形，矩形多用于内墙和混水墙，L 形多用于外墙和清水墙。在寒冷地区，为防止钢筋混凝土过梁产生热桥问题，也可将外墙洞口的过梁断面做成 L 形。

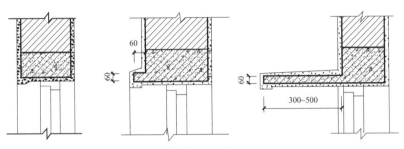

图 6-15　钢筋混凝土过梁（单位：mm）

3. 窗台

窗台做法可分为外窗台和内窗台两个部分（见图 6-16）。

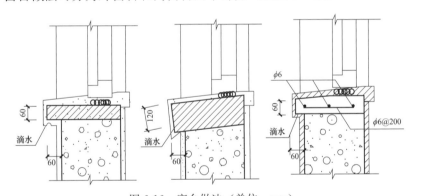

图 6-16　窗台做法（单位：mm）

外窗台应设置排水构造，防止雨水积聚在窗下、入墙身和向室内渗透，应有不透水的面层，坡度不小于 20%。外窗台有悬挑窗台和不悬挑窗台两种。悬挑窗台底部边缘处抹灰时应做宽度和深度均不小于 10mm 的滴水线或滴水槽。内窗台一般为水平放置，通常结合室内装修做成水泥砂浆抹灰、木板或贴面砖等多种饰面形式。

4. 墙身加固措施

对于多层砖混结构的承重墙，由于可能承受上部集中荷载、开洞及其他因素，会造成墙体的强度及稳定性有所降低，因此要考虑对墙身采取加固措施。

（1）增加壁柱和门垛。当墙体的窗间墙上出现集中荷载，而墙厚又不足以承担其荷载，或墙体的长度和高度超过一定限度并影响墙体稳定性时，常在墙身局部适当位置增设凸出墙面的壁柱以提高墙体刚度。当在较薄的墙体上开设

过梁案例：砖砌弧拱

石砌弧拱

钢筋混凝土过梁

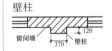
壁柱

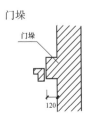
门垛

门洞时，为便于门框的安置和保证墙体的稳定，须在门靠墙转角处或丁字接头墙体的一边设置门垛，宽度同墙厚。

（2）设置圈梁。圈梁是沿外墙四周及部分内墙的水平方向设置的连续闭合的梁。

圈梁

圈梁配合楼板共同作用可提高建筑物的空间刚度及整体性，增加墙体的稳定性，减少不均匀沉降引起的墙身开裂。在抗震设防地区，圈梁与构造柱一起形成骨架，可提高抗震能力。钢筋混凝土圈梁的宽度同墙厚，高度一般为180、240mm，可与门窗过梁合一。

在特殊情况下，当遇有门窗洞口致使圈梁局部截断时，应在洞口上部增设相应截面的附加圈梁，其配筋和混凝土的等级不变。附加圈梁与圈梁搭接长度

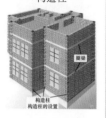

构造柱

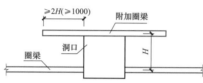

图 6-17　附加圈梁（单位：mm）

不应小于其垂直间距的 2 倍，且不得小于 1m。对有抗震要求的建筑物，圈梁不宜被洞口截断（见图 6-17）。

（3）设置构造柱。钢筋混凝土构造柱是从抗震角度考虑设置的，一般设在外墙转角、内外墙交接处、较大洞口两侧及楼梯、电梯间四角等（见表 6-1）。由于房屋的层数和地震烈度不同，构造柱的设置要求也有所不同。构造柱必须与圈梁紧密连接形成空间骨架，以增强房屋的整体刚度，提高墙体抵抗变形的能力，并使砖墙在受震开裂后也能"裂而不倒"。

圈梁与构造柱

表 6-1　　　　　　　　　　　　砖墙构造柱设置要求

房屋层数				设置的部位	
6 度	7 度	8 度	9 度	外墙四角，错层部位横墙与外纵墙交接处，较大洞口两侧，大房间内外墙交接处	7、8 度时，楼、电梯间四角，隔 15m 或单元横墙与外纵墙交接处
四、五	三、四	二、三			隔开间横墙（轴线）与外墙交接处，山墙与内纵墙交接处，7～9 度时楼、电梯间四角
六、七	五	四	二		内墙（轴线）与外墙交接处，内墙局部较小墙垛处，7～9 度时楼、电梯间四角，9 度时内纵墙与横墙（轴线）交接处
八	六、七	五、六	三、四		

构造柱的最小截面尺寸为 240mm×180mm；构造柱的纵向钢筋一般用 4ϕ12，箍筋 ϕ6，间距不大于 250mm。构造柱下端应伸入地梁内，无地梁时应伸入底层地坪下 500mm 处。为加强构造柱与墙体的连接，构造柱处墙体宜砌成马牙槎，并应沿墙高每隔 500mm 设 2ϕ6 拉结钢筋，每边伸入墙内不少于 1m，见图 6-18。施工时应先放置构造柱钢筋骨架后砌墙，随着墙体的升高而逐段浇筑混凝土构造柱身。由于女儿墙的上部是自由端且位于建筑的顶部，在地震时易受破坏，一般情况下构造柱应当通至女儿墙顶部，并与钢筋混凝土压顶相连，而且女儿墙内的构造柱间距应当加密。

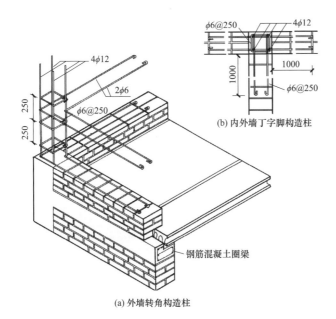

(b) 内外墙丁字脚构造柱

(a) 外墙转角构造柱

图 6-18　构造柱的断面（单位：mm）

此处主要引导学生查阅抗震规范，培养学生敬畏自然，生命至上理念。

下面网址可以查阅我国的规范及标准。

国家建筑标准设计网（chinabuilding. com. cn）

砌体房屋温度伸缩缝最大间距的规定

不同地基情况下的沉降缝宽度

5. 墙体变形缝构造

由于温度变化、地基不均匀沉降和地震因素的影响，使建筑物出现裂缝或破坏。故在设计时事先将房屋划分成若干个独立的部分，使各部分能自由地变化，这种将建筑物垂直分开的预留缝称为变形缝。墙体结构通过变形缝的设置分为各自独立的区段。变形缝包括伸缩缝、沉降缝和防震缝三种。

（1）变形缝的设置。

1）伸缩缝。为防止建筑构件因温度变化、热胀冷缩使房屋出现裂缝或破坏，在沿建筑物长度方向相隔一定距离预留垂直缝隙。这种因温度变化而设置的缝称为温度缝或伸缩缝。伸缩缝间距与墙体、屋顶和楼板的类型有关。伸缩缝是从基础的顶面开始，将墙体、楼板、屋顶全部构件断开，因为基础埋于地下，受气温影响较小，因此不必断开。伸缩缝宽度一般为 20～30mm。

2）沉降缝。为防止建筑物各部分因地基不均匀沉降引起房屋破坏所设置的垂直缝隙称为沉降缝。沉降缝一般在下列部位设置：同一建筑物两相邻的高度相差较大、荷载相差悬殊或结构形式不同时；建筑物建造在不同地基上，且难以保证均匀沉降时；建筑物相邻两部分的基础形式不同、宽度和埋深相差悬殊时；建筑物形体比较复杂，连接部位又比较薄弱时；新建建筑物与原有建筑物相毗连时。

沉降缝应从房屋的基础到屋顶全部构件断开，使两侧各为独立的单元，可以自由沉降，不受约束。沉降缝的宽度与地基情况及建筑物高度有关，地基越弱的建筑物，沉降的可能性越高，沉降后所产生的倾斜距离越大。沉降缝的宽度一般为 30～70mm，在软弱地基上的建筑物其缝宽应适当增加。沉降缝一般与伸缩缝合并设置，兼起伸缩缝的作用。

3）防震缝。在抗震设防烈度 7～9 度地区内应设防震缝，一般情况下防震缝仅在基础以上设置和沉降缝协调布置，做到一缝多用。当防震缝与沉降缝结合设置时，基础也应断开。

防震缝的宽度：在多层砖墙房屋中，按设计烈度的不同取 50～70mm。在多层钢筋混凝土框架建筑中，建筑物高度小于或等于 15m 时，缝宽为 100mm；当建筑物高度超过 15m 时，按烈度增大缝宽：6 度设防时，建筑物每增高 5m，缝宽增加 20mm；7 度设防时，建筑物每增高 4m，缝宽增加 20mm；8 度设防时，建筑物每增高 3m，缝宽增加 20mm；9 度设防时，建筑物每增高 2m，缝宽增加 20mm。

（2）墙体变形缝的构造。伸缩缝应保证建筑构件在水平方向自由变形，沉降缝应满足构件在垂直方向自由沉降变形，防震缝主要是防地震水平波的影响，三种缝的构造基本相同。变形缝将建筑构件全部断开以保证缝两侧自由变形。砖混结构变形处可采用单墙或双墙承重方案，框架结构可采用悬挑方案。变形缝应力求隐蔽，如设置在平面形状有变化处，还应在结构上采取措施，防止风雨对室内的侵袭。

变形缝的形式根据围墙厚度、位置不同其处理方式有所不同。外墙变形缝为保证自由变形，并防止风雨影响室内，应用沥青麻丝填嵌缝隙，当变形缝宽度较大时，缝口可采用镀锌铁皮或铝板盖缝调节；内墙变形缝着重表面处理，可采用木条或金属盖缝，仅一边固定在墙上，允许自由移动，见图 6-19。

变形缝的形式：
平缝

错缝

企口缝

变形缝案例

图 6-19　变形缝的构造

第三节　隔　墙　构　造

隔墙是把房屋内部分割成若干房间或空间的非承重墙，应满足以下要求：
（1）重量轻，有利于减少梁或楼板承受的荷载。
（2）厚度薄，以增加房屋的使用面积。

（3）有隔声能力，房间之间互不干扰。

（4）便于拆卸和安装，适应房间分隔变化的要求。

（5）满足不同使用部位要求。如厨房的隔墙应耐火、耐湿，盥洗室、厕所的隔墙应耐湿等。

一、块材隔墙

块材隔墙是指用普通砖、空心砖、加气混凝土砌块等块材砌筑的墙。

1. 普通砖隔墙

普通砖隔墙一般采用半砖隔墙，见图 6-20。半砖隔墙的标志尺寸为 120mm，采用普通砖顺砌而成，砌筑砂浆强度宜大于 M2.5，高度超过 5m 时应加固，一般沿高度每隔 0.5m 砌入 $2\phi4$ 钢筋，还应沿隔墙高度每隔 1.2m 设一道 30mm 厚水泥砂浆层，内放 $2\phi6$ 钢筋。为了保证隔墙不承重，在隔墙顶部与楼板相接处，应将砖斜砌一皮，或留约 30mm 的空隙塞木模打紧，然后用砂浆填缝。隔墙上有门时，需预埋防腐木砖、铁件或将带有木模的混凝土预制块砌入隔墙中，以便固定门框，半砖隔墙坚固耐久、隔声性能较好，但自重大、湿作业量大，不易拆装。

普通砖隔墙案例

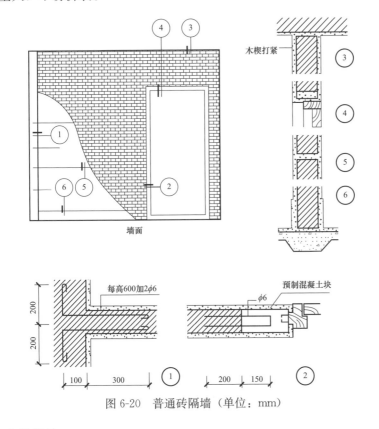

图 6-20　普通砖隔墙（单位：mm）

2. 砌块隔墙

轻质砌块隔墙可减轻隔墙自重和节约用砖，常采用加气混凝土砌块、粉煤灰硅酸盐砌块及水泥炉渣空心砖等砌筑隔墙。砌块隔墙厚度由砌块尺寸决定，

学习查阅建筑结构构造图集，提高自主学习的能力。

一般为 90～120mm。砌块墙吸水性强，故在砌筑时应先在墙下部实砌3～5皮黏土砖再砌砌块。砌块不够整块时宜用普通黏土砖填补。砌块隔墙的其他加固构造方法同普通砖隔墙。

二、轻骨架隔墙

立筋式隔墙也称立柱式、轻骨架隔墙，它是以木材、钢材或其他材料构成骨架，把面层钉结、涂抹或粘贴在骨架上形成的隔墙，所以隔墙由骨架和面层两部分组成，见图 6-21。

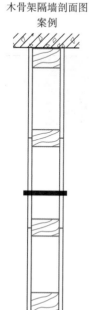

木骨架隔墙剖面图案例

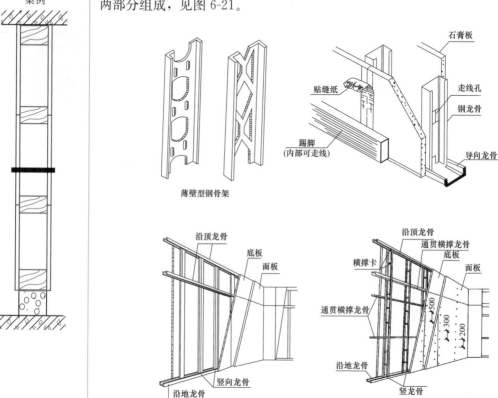

图 6-21　轻骨架隔墙（薄壁型钢骨架及龙骨的排列）

1. 骨架

骨架有木骨架、轻钢骨架、石膏骨架、石棉水泥骨架和铝合金骨架等。骨架由上槛、下槛、墙筋、横撑或斜撑组成。墙筋的间距取决于面板的尺寸，一般为 400～600mm。当饰面为抹灰时取 400mm，饰面为板材时取 500mm 或 600mm。骨架的安装过程是先用射钉将上槛、下槛（也称导向骨架）固定在楼板上，然后安装龙骨（墙筋和横撑）。

2. 面层

骨架的面层有人造板面层和抹灰面层。根据不同的面板和骨架材料可分别采用钉子、自攻螺钉、膨胀铆钉或金属夹子等，将面板固定于立筋骨架上。常用的人造板面层（即面板）有胶合板、纤维板、石膏板等。隔墙的名称是依据不同的面层材料而定的，如板条抹灰隔墙和人造板面层骨架隔墙等。面板可用镀铸螺钉、自攻螺钉或金属夹子固定在骨架上。当隔墙遇有门窗或特殊部位时，应使用附加龙骨进行加固。人造面板与骨架的连接见图 6-22。

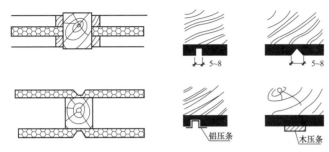

图 6-22　人造面板与骨架的连接（单位：mm）

三、板材隔墙

板材隔墙是指用轻质材料制成的大型板材，直接装配而成的隔墙，具有自重轻、安装方便、施工速度快、工业化程度高的特点。目前多采用条板，如加气混凝土条板、石膏条板、炭化石灰板、石膏珍珠岩板，以及各种复合板。条板厚度大多为 60～100mm，宽度为 600～1000mm，长度略小于房间净高。安装时，条板下部先用一对对口木楔顶紧，然后用细石混凝土堵严，板缝用黏结砂浆或黏结剂进行黏结，并用胶泥刮缝，平整后再做表面装修。增强石膏空心条板隔墙见图 6-23。

用水房间的隔墙应做好防水、防潮处理，在构造上应先在楼板四周用细石混凝土浇筑一段不小于 150mm 高的墙体，然后再立骨架。在有水一侧的墙面可通过绑扎钢筋固定钢板网并以水泥砂浆粉刷，可加贴墙面砖；而隔墙的另一面仍可采用纸面石膏板等面板。

板材隔墙案例

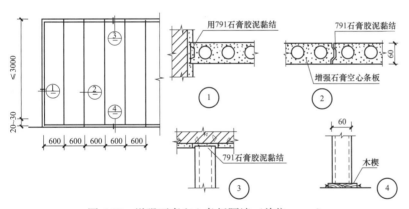

图 6-23　增强石膏空心条板隔墙（单位：mm）

第四节　幕　墙　构　造

幕墙是以板材形式悬挂于主体结构上的外墙，犹如悬挂的幕而得名。幕墙不承重，但承受风荷载，用连接件将自重及风荷载传给主体结构；装饰效果好，安装速度快，施工质量易于保证，可分为玻璃幕墙、铝板幕墙、石材幕墙。

一、玻璃幕墙

玻璃幕墙按承重方式不同可分为框支承玻璃幕墙、全玻璃幕墙和点支承玻璃幕墙。

框支承玻璃幕墙

1. 框支承玻璃幕墙

面板由金属框架支承，造价低，使用广泛；按构造方式可分为明框玻璃幕墙、隐框玻璃幕墙、半隐框玻璃幕墙；按施工方法可分为构件式玻璃幕墙（见图 6-24）、单元式玻璃幕墙（见图 6-25）。

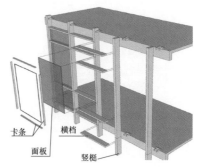

卡条　　　横档
面板
竖框

图 6-24　构件式玻璃幕墙

幕墙单元

图 6-25　单元式玻璃幕墙

2. 全玻璃幕墙

由玻璃肋和玻璃面板构成的玻璃幕墙。玻璃固定方式有下部支承式和上部悬挂式（见图 6-26）。当幕墙的高度不太大时，采用下部支承式；高度更大时采用上部悬挂式。

3. 点支承玻璃幕墙

由玻璃面板、支承装置和支承结构构成的玻璃幕墙（见图 6-27）；通透，展现结构精美，发展迅速。

二、石材幕墙

石材幕墙的构造一般采用框支承结构，因石材面板连接方式的不同，可分为钢销式、槽式和背栓式。钢销式连接需在石材的上下两边或四边开设销孔，石材通过钢销及连接板与幕墙骨架连接。它拓孔方便，但受力不合理，容易出现应力集中导致石材局部破坏，使用受到限制，所适用的幕墙高度不宜大于 20m，石板面积不宜大于 1m²。槽式连接需在石材的上下两边或四边开设槽口，与钢销式连接相比，它的适应性更强。根据槽口的大小又可分为短槽式和通槽

全玻璃幕墙

点支承玻璃幕墙的
五种支承结构

石材幕墙连接案例

式两种。短槽式连接的槽口较小，通过连接片与幕墙骨架连接，它对施工安装的要求较高。背栓式连接将连接石材面板的部位放在面板背部，改善了面板的受力。通常先在石材背面钻孔，插入不锈钢背栓，并扩胀使之与石板紧密连接，然后通过连接件与幕墙骨架连接。

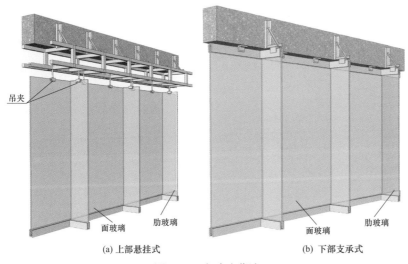

(a) 上部悬挂式　　　　　　　　(b) 下部支承式

图 6-26　全玻璃幕墙

图 6-27　点支承玻璃幕墙

三、铝板幕墙

铝板幕墙的构造组成与隐框玻璃幕墙类似，采用框支承受力方式，也需要制作铝板板块。铝板板块通过铝角与幕墙骨架连接，铝板板块由加劲肋和面板组成。板块的制作需要在铝板背面设置边肋和中肋等加劲肋。面板与加劲肋之间通常的连接方法有铆接、电栓焊接、螺栓连接及化学黏结等。为了方便板块与骨架体系的连接需在板块的周边设置铝角，铝角一端常通过铆接方式固定在板块上，另一端采用自攻螺钉固定在骨架上。

铝板幕墙连接案例

第五节　墙　面　装　饰

墙面装饰是建筑装修中的重要内容。装饰墙面可以保护墙体、提高墙体的耐久性；改善墙体的热工性能、光环境、卫生条件等使用功能；美化环境，丰富建筑的艺术形象。

墙面装饰按其所处的部位不同可分为室外装饰和室内装饰。按材料及施工方式的不同，常见的墙面装饰可分为抹灰类、贴面类、涂料类、裱糊类和铺钉类五大类。

一、抹灰类墙面装饰

抹灰是用砂浆或石渣浆涂抹在墙体表面上的一种装饰做法。该做法材料来源广泛、施工操作简便、造价低廉，应用广泛；但多为手工湿作业，工效低，劳动强度大。

常用抹灰墙面
构造做法

图 6-28 墙面抹灰构造层次

为使抹灰层牢固，表面平整，施工时须分层操作，见图 6-28。普通抹灰分底层和面层；标准较高的中级抹灰和高级抹灰，在底层和面层之间还要增加一层或数层中间层。各层抹灰不宜过厚，总厚度一般为 15～20mm。底层抹灰的作用是与基层（墙体表面）黏结和初步找平，用料视基层材料而异，厚度为 5～15mm；中层抹灰主要起找平作用，其所用材料与底层基本相同，也可以根据装饰要求选用其他材料，厚度一般为 5～10mm。面层抹灰主要起装饰作用，要求表面平整、色彩均匀、无裂纹，可以做成光滑或粗糙等不同质感的表面。外墙面抹灰面积较大，由于材料干缩和温度变化，容易产生裂缝，故常在抹灰面层做分格，称为引条线。引条线的做法是在底灰上埋放不同形式的木引条，面层抹灰完毕后及时取下引条，再用水泥砂浆勾缝，以提高抗渗能力（见图 6-29）。

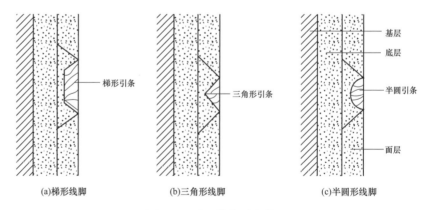

(a)梯形线脚　　(b)三角形线脚　　(c)半圆形线脚

图 6-29 墙面抹灰引条做法

二、涂料类墙面装饰

涂料类墙面装饰是指利用各种涂料敷于基层表面形成完整牢固的膜层以保护和装饰墙面的做法。其具有造价低、装饰性好、工期短、工效高、自重轻，以及操作简单、维修方便、更新快等特点，应用广泛。

涂料按其成膜物的不同可分为无机涂料和有机涂料两大类。无机涂料有普通无机涂料和无机高分子涂料。普通无机涂料如石灰浆、大白浆、可赛银浆等，多用于一般标准的室内装饰。无机高分子涂料耐水、耐酸碱、耐冻融、装修效果好、价格较高，多用于外墙面装饰和有耐擦洗要求的内墙面装饰。有机涂料依其主要成膜物质与稀释剂不同，有溶剂型涂料、水溶性涂料和乳液涂料三类，多用于内墙装饰。建筑涂料的施涂方法一般分刷涂、滚涂和喷涂。施涂溶剂型涂料时，后一遍涂料必须在前一遍涂料干燥后进行，否则易发生皱皮、开裂等质量问题。施涂水溶性涂料时，要求与做法同上。每遍涂料均应施涂均匀，各层接合牢固。当采用双组分和多组分的涂料时，施涂前应严格按产品说明书规定的配合比，根据使用情况可分批混合，并在规定的时间内用完。

三、贴面类墙面装饰

贴面类墙面装饰是指将各种天然石材或人造板、块，通过绑、挂或直接粘贴于基层表面的做法。其具有耐久性好、装饰性强、容易清洗等优点。

1. 面砖、锦砖墙面装饰

面砖多数是以陶土和瓷土为原料，压制成型后煅烧而成的饰面块。面砖分挂釉和不挂釉、平滑和有一定纹理质感等不同类型。无釉面砖主要用于高级建筑外墙面装饰，釉面砖主要用于高级建筑内外墙面及厨房、卫生间的墙裙贴面。面砖质地坚固、防冻、耐蚀、色彩多样。面砖饰面构造做法见图 6-30。

陶瓷锦砖又名马赛克，是以优质陶土烧制而成的小块瓷砖，有挂釉和不挂釉之分。锦砖一般用于内墙面装饰，也可用于外墙面装饰。锦砖与面砖相比造价较低。

面砖装修案例

锦砖装修案例

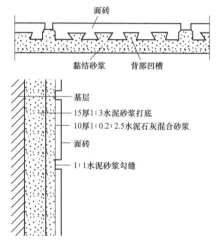

图 6-30 面砖饰面构造做法

2. 天然石板及人造石板墙面装饰

常见的天然石板有花岗岩板、大理石板两类。它们具有强度高、结构密实、不易污染、装饰效果好等优点。但由于其加工复杂、价格昂贵，故多用于高级墙面装饰中。人造石板一般由白水泥、彩色石子、颜料等配合而成，具有天然石材的花纹和质感，同时有质量轻、表面光洁、色彩多样、造价较低等优点，常见的有水磨石板、仿大理石板等。

天然石材和人造石材的安装方法相同，为保证石板饰面的坚固和耐久，一般应先在墙身或柱内预埋 $\phi6$ 铁箍，在铁箍内立 $\phi8\sim\phi10$ 竖筋和横筋，形成钢筋网，再用双股铜线或镀铸铁丝穿过事先在石板上钻好的孔眼（人造石板则利用预埋在板中的安装环），将石板绑扎在钢筋网上（见图 6-31）。上下两块石板用不锈钢卡销固定。石板与墙之间一般留 30mm 的缝隙，上部用定位活动木模做临时固定，校正无误后，在板与墙之间分层浇筑 1：2.5 水泥砂浆，每次灌入高度不应超过

200mm。待砂浆初凝后，取掉定位活动木模，继续上层石板的安装。由于湿贴法施工的天然石板墙面具有基底透色、板缝砂浆污染等缺点，在一些装饰要求较高的工程中常采用干挂法施工。

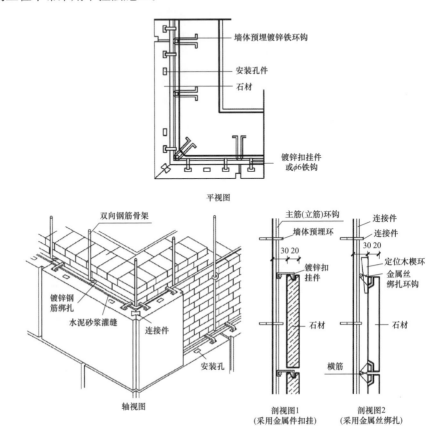

平视图

双向钢筋骨架

镀锌钢筋绑扎
水泥砂浆灌缝
连接件
安装孔

轴视图

墙体预埋镀锌铁环钩
安装孔件
石材
镀锌扣挂件或φ6铁钩

主筋(立筋)环钩
墙体预埋环
30 20
镀锌扣挂件
石材

连接件
连接件
30 20
定位木楔环
金属丝绑扎环钩
石材
横筋

剖视图1（采用金属件扣挂）　剖视图2（采用金属丝绑扎）

图 6-31　石材安装构造（单位：mm）

四、铺钉类墙面装饰

铺钉类墙面装饰是将各种天然或人造薄板镶钉在墙面上的做法，其构造与骨架隔墙相似，由骨架和面板两部分组成。施工时先在墙面上立骨架（墙筋），然后在骨架上铺钉装饰面板。骨架分木骨架和金属骨架两种。室内墙面装饰用面板，一般采用硬木条板、胶合板、纤维板、石膏板及各种吸声板等。胶合板、纤维板等人造薄板可用圆钉或木螺钉直接固定在木骨架上，板间留有 5～8mm 的缝隙，以保证面板有微量伸缩的可能，也可用木压条或铜、铝等金属压条盖缝。石膏板与金属骨架之间一般用自攻螺钉或电钻钻孔后用镀锌螺栓进行连接。

五、裱糊类墙面装饰

裱糊类墙面装饰是将各种装饰性的墙纸、墙布、织锦等卷材类的装饰材料裱糊在墙面上的一种做法。常用的装饰材料有 PVC 塑料壁纸、复合壁纸、玻璃纤维墙布等。裱糊类墙面装饰造价较经济、施工方法简捷高效，并且在曲面和墙面转折处粘贴可以顺应基层，获得连续的饰面效果。

铺钉装修案例

墙面裱糊顺序：墙面应采用整幅裱糊，并统一预排对花拼缝。不足一幅的应裱糊在较暗或不明显的部位。裱糊的顺序为先上后下、先高后低，应使饰面材料的长边对准基层上弹出的垂直基准线，用刮板或胶辊赶平压实。阴阳转角应垂直，棱角分明。阴角处墙纸（布）搭接顺光，阳面处不得有接缝，并应包角压实。

在裱糊工程中，基层涂抹的腻子应坚实牢固，不得粉化、起皮和裂缝。当有铁帽等凸出时，应先将其嵌入基层表面并涂防锈涂料，钉眼接缝处用油性腻子填平，腻子干后用砂纸磨平。为达到基层平整效果，通常在清洁的基层上用胶皮刮板刮腻子数遍。刮腻子的遍数视基层的情况不同而定，抹完最后一遍腻子时应打磨光滑后再用软布擦净。对有防水或防潮要求的墙体，应对基层做防潮处理，在基层涂刷均匀的防潮底漆。

裱糊工程的质量标准是粘贴牢固，表面色泽一致，无气泡、空鼓、翘边、褶皱和斑污，斜视无胶痕，正视（距墙面 1.5m 处）不显拼缝。

六、特殊部位的墙面装饰

在室内抹灰中，对人群活动频繁、易受碰撞的墙面，或有防水、防潮要求的墙身，常采用 1∶3 水泥砂浆打底，1∶2 水泥砂浆或水磨石罩面，高约 1.5m 的墙裙，见图 6-32；对于易被碰撞的内墙阳角，宜用 1∶2 水泥砂浆做护角，高度不应小于 2m，每侧宽度不应小于 50mm（见图 6-33）。

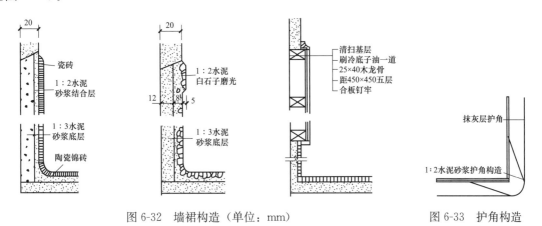

图 6-32　墙裙构造（单位：mm）　　　　　　图 6-33　护角构造

第六节　基础与地下室

一、地基与基础的基本概念

基础是建筑地面以下的承重构件，是建筑物埋在地下的扩大部分。它承受建筑物上部结构传下来的全部荷载，并把这些荷载连同本身的重量一起传到地基上。地基则是承受由基础传下的荷载的土层。地基承受建筑物荷载而产生的应力和应变随着土层深度的增加而减小，在达到一定深度后就可忽略不计。直接承受建筑物荷载的土层为持力层。持力层以下的土层为下卧层。基础及地基的组成见图 6-34。

1. 地基

天然地基是指天然状态下即可满足承载力要求、不需人工处理的地基。可作为天然地基的岩土体包括岩石、碎石、砂土、黏性土等。经过人工处理的地基称为人工地基。其处理方法有换填法、预压法、强夯法、振冲法、深层搅拌法等。

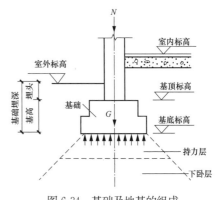

图 6-34　基础及地基的组成

通过基础在建筑结构中的重要作用，引导学生感悟学好专业知识，奠定人生基础的重要意义。

地基人工处理原则：尽量利用天然地基。治理方案要上下结合，尽可能减轻上部自重并利用上部结构的整体性调整基底压力，使其分布与地基承载力的分布相适应。尽量采取"宽基浅埋"。

基础的埋置深度：从室外设计地面至基础底面的垂直距离。

设计原则：一般民用建筑，基础应尽量考虑设计浅埋基础最小埋深，基础的埋置深度不应小于500mm。

2. 基础的类型及构造

（1）按材料及受力特点分类。按所用材料及受力特点可分为刚性基础（见图 6-35）和柔性基础（即钢筋混凝土基础，见图 6-36）。

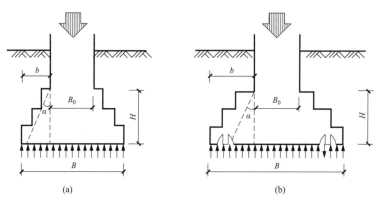

图 6-35　刚性基础

刚性基础是指由砖石、毛石、素混凝土、灰土等刚性材料制作的基础。这种基础抗压强度高而抗拉、抗剪强度低。为满足地基允许承载力的要求，需要加大基础底面积，但基础尺寸放大超过一定范围，基础的内力超过其抗拉和抗剪强度，基础会发生折裂破坏。折裂的方向与垂直面的夹角 α 称为压力分布角（刚性角），刚性基础放大角度不应超过刚性角。

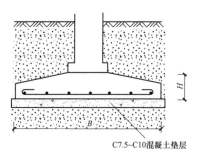

C7.5~C10混凝土垫层

图 6-36　钢筋混凝土基础

在混凝土基础底部配以钢筋，利用钢筋来承受拉力，使基础底部能够承受较大弯矩，基础宽度的加大不受刚性角的限制，故称钢筋混凝土基础为柔性基础。为了保证钢筋混凝土基础施工时，钢筋不致陷入泥土中，须在基础与地基之间设置混凝土垫层。

（2）按构造形式分类。基础按构造形式可分为独立基础（见图 6-37）、条形基础、筏片基础、箱形基础、桩基础等。

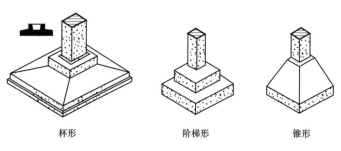

杯形　　　　　阶梯形　　　　　锥形

图 6-37　独立基础

独立基础又称单独基础,有台阶形、锥形、杯形等。

条形基础呈长条形或带形,常用于墙下。

联合基础类型较多,有柱下条形基础、井格基础、筏片基础、箱形基础等,见图 6-38。当上部结构为框架结构或排架结构、荷载较大或荷载分布不均匀、地基承载力偏低时,为增加基础底面积或增强整体刚度,减少不均匀沉降,常采用钢筋混凝土柱下条形基础;将各柱下基础用基础梁相互连接成一体,就形成井格基础;建筑物的基础由整片的钢筋混凝土板组成,板直接作用于地基上,称为筏片基础。筏片基础的整体性好,可以跨越基础下的局部软弱土。当上部建筑物为荷载大、对地基不均匀沉降要求严格的高层建筑、重型建筑及软弱土地基上的多层建筑时,为增加基础刚度,将地下室的底板、顶板和墙体整体浇筑成箱子状的基础,称为箱形基础。箱形基础的刚度较大,抗震性能好,有较好的地下空间可以利用,能承受很大的弯矩,可用于特大荷载,且需设地下室的建筑。

上海中心大厦
基础工程

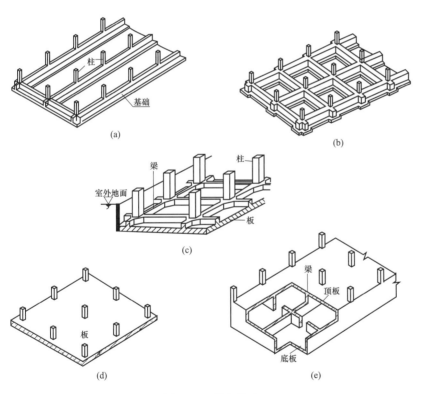

图 6-38 联合基础

桩基础一般由设置于土中的桩身和承接上部结构的承台组成。在寒冷地区,承台梁下一般铺设 100~200mm 厚的粗砂或焦渣,以防土壤冻胀引起承台的反拱破坏。

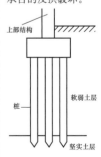

当浅层地基上不能满足建筑物对地基承载力和变形的要求,而又不适宜采取地基处理措施时,就可采用桩基础把荷载传给下部坚实土层或岩层。桩基础按承载性状可分为摩擦桩和端承摩擦桩两类;按桩的工艺特点与构造可分为预制桩、沉管灌注桩、钻孔灌注桩、钻孔扩底灌注桩、爆扩灌注桩。

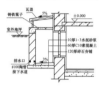

二、地下室防水

1. 地下室构造

地下室可用作设备间、储藏间、旅馆、餐厅、商场、车库及战备人防工程。高层建筑常用深基础（如箱形基础）建造一层或多层地下室。地下室按使用功能可分为普通地下室和防空地下室；按顶板标高可分为半地下室（埋深为地下室净高的 1/3～1/2）和全地下室（埋深为地下室净高的 1/2 以上）；按结构材料可分为砖混结构地下室和钢筋混凝土结构地下室。

地下室一般由墙体、底板、顶板、门窗、楼电梯五大部分组成。

地下室的外墙不仅承受垂直荷载，还承受土、地下水和土壤冻胀的侧压力，应按挡土墙设计。其最小厚度满足结构、抗渗要求，不低于 300mm。地下室的顶板如为防空地下室，必须采用现浇板，并按有关规定决定其厚度和混凝土强度等级。防空地下室一般不允许设窗，如需开窗，应设置战时堵严措施。防空地下室的外门应按防空等级要求设置相应的防护构造。地下室的楼梯可与地面上房间结合设置。层高小或用作辅助房间的地下室，可设置单跑楼梯。防空地下室要设置两部通向地面安全出口的楼梯。地下室构造组成见图 6-39。

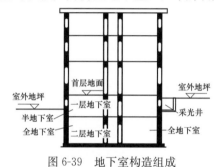

图 6-39　地下室构造组成

2. 地下室的防潮、防水构造

当设计最高地下水位低于地下室底板，且无形成上层滞水可能时，地下水不会浸入地下室内部，地下室底板和外墙可以做防潮处理，见图 6-40。地下室防潮只适用于防无压水。地下室防潮构造要求砖墙必须采用水泥砂浆砌筑，灰缝必须饱满；在外墙外侧设垂直防潮层，防潮层做法一般为：1∶2.5 水泥砂浆找平、刷冷底子油一道、热沥青两道；防潮层做至室外散水处，然后在防潮层外侧回填低渗透性土壤，如黏土、灰土等，并逐层夯实，底宽 500mm 左右。此外，地下室所有墙体必须设两道水平防潮层，一道设在底层地坪附近，一般设置在结构层之间；另一道设在室外地面散水以上 150～200mm 的位置。

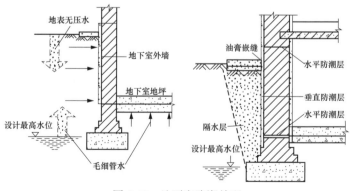

图 6-40　地下室防潮处理

　　当设计最高地下水位高于地下室底板时，需做好地下室外墙和底板的防水处理。常采用的防水措施有自防水和材料防水两类。

　　构件自防水是用防水混凝土作外墙和底板，使承重、围护、防水功能合一，施工简便（见图 6-41）。

　　材料防水是在外墙和底板表面敷设防水材料，如卷材、涂料、防水水泥砂浆等，以阻止地下水的渗入，可分为外防水和内防水。卷材防水层设在地下工程围护结构外侧（即迎水面）时称为外防水，这种方法防水效果好，但维修困难。外防水的具体做法是在混凝土垫层上将卷材满铺，在其上浇筑细石混凝土或水泥砂浆保护层以便浇筑钢筋混凝土底板（见图 6-42）。墙体

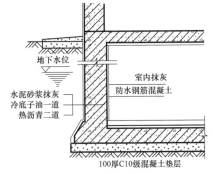

图 6-41　地下室的构件自防水

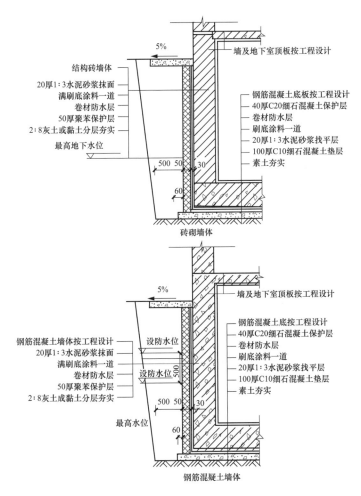

图 6-42　地下室的材料外防水（单位：mm）

防水是在外墙外侧抹 20mm 厚 1：2.5 水泥砂浆找平层，涂刷冷底子油一道，再粘贴防水卷材。

　　卷材粘贴于结构内表面时称为内防水，这种做法防水效果较差，但施工简单，便于修补，常用于修缮工程（见图 6-43）。

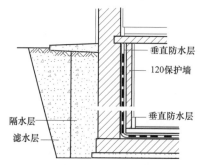

图 6-43　地下室内防水处理（单位：mm）

课 后 拓 展 学 习

墙体节能技术。

课 后 实 操 训 练

绘制外墙大样图（设计任务书见附录二）。

教 学 评 价 与 检 测

评价依据：

（1）外墙大样图。

（2）理论测试题。

1）墙身加固措施有哪些？有何设计要求？

2）简述墙面装修的作用、类型及构造。

3）绘图表示幕墙的构造做法。

4）如何确定基础的类型及埋深？

5）如何确定地下室的防潮及防水构造？

第七章 楼 梯

教 学 目 标

（一） 总体目标

通过本章的学习，使学生了解楼梯的组成和形式，掌握楼梯的设计，掌握钢筋混凝土楼梯的构造，理解台阶和坡道的构造做法，了解电梯和自动楼梯的原理及构造。通过理论联系实际建筑，培养学生以人为本的设计理念；通过典型案例中楼梯的安全疏散作用，培养学生的消防安全意识；以大国工匠艰苦奋斗的精神，激发学生不畏困难报效祖国的精神。

（二） 具体目标

1. 知识目标

（1）了解楼梯的组成和形式。

（2）掌握楼梯的尺度。

（3）掌握钢筋混凝土楼梯的构造。

（4）理解台阶和坡道的构造做法。

（5）了解建筑物中其他垂直交通设施的原理及构造。

2. 能力目标

（1）能够根据使用要求进行楼梯设计。

（2）能够结合实际工程进行楼梯构造处理。

3. 素质目标

（1）培养学生以人为本的设计理念。

（2）培养学生的消防安全意识。

（3）激发学生不畏困难报效祖国的精神。

教 学 重 点 和 难 点

（一） 重点

（1）楼梯的设计。

（2）楼梯的构造处理。

（二） 难点

楼梯的设计。

教　学　策　略

楼梯是建筑物中重要的垂直交通联系构件，也是重要的安全疏散通道，楼梯必须构造合理、坚固耐用、位置明确、光线充足，避免交通拥挤、堵塞，满足安全疏散的要求和美观要求。本章的重点是楼梯的设计及构造处理，教学中采取翻转课堂教学方式，让学生自行对校园内多种楼梯类型进行分析，课中讲授可采取"行走课堂"到实习单位进行楼梯认识实习等教学方式，以共情赋能楼梯教学，增进课程亲和力和学生认同感；通过理论联系实际建筑，通过无障碍设计等培养学生以人为本的设计理念；通过时政热点或典型案例中楼梯发挥的安全疏散作用，培养学生的消防安全意识；以大国工匠艰苦奋斗的精神，激发学生不畏困难报效祖国的精神。

本章采取"课前引导（翻转课堂）—课中教学（行走课堂或认识实习）—技能训练（楼梯设计）—课后拓展"教学策略。

（一）课前引导

采取翻转课堂教学方式，让学生自行对校园内多种楼梯类型进行分析，切身体会楼梯特点，提前介入楼梯学习过程，为课程学习进行热身。

（二）课中教学互动

采取"行走课堂"到实习单位进行楼梯认识实习等教学方式，使学生身临其境，提升学生学习效率。

（三）技能训练

知行合一，进行楼梯设计，训练学生设计能力。

（四）课后拓展

引导学生自主学习消防安全知识，拓宽知识视野。

教　学　设　计

（一）教学准备

1. 情感准备

组织学生对校内楼梯的调研分析，以共情赋能楼梯教学，增进课程亲和力和学生认同感。

2. 知识准备

复习：通过学生外墙大样图作业，复习墙体及基础要点。

预习：楼梯设计方法和楼梯构造处理方法。

（二）教学架构

楼梯设计
楼梯构造
处理

专业
培养

思政
教育

以人为本设计理念
消防安全意识
不畏困难报效祖国精神

（三）　实操训练

楼梯设计（设计任务书见附录三）。

（四）　思政教育

本章在以人为本设计理念、消防安全意识、不畏困难报效祖国精神三方面开展思政教育。

（五）　教学方法

翻转课堂、行走课堂、认识实习、小组学习、互动讨论等。

（六）　效果评价

建议采用注重学生全方位能力评价的集"自我评价＋团队评价＋课堂表现＋教师评价＋自我反馈评价"于一体的评价方法。同时引导学生自我纠错、自主成长并进行学习激励，激发学生学习的主观能动性。

（七）　学时建议

6/48（本章建议学时/课程总学时48学时）。

教 学 过 程 及 内 容

（一）　课前引导

1. 课前复习

通过外墙大样图作业，复习墙体及基础要点。

2. 课前预习

通过学生对校园内多种楼梯类型进行分析，预习楼梯设计方法和楼梯构造处理方法，以共情赋能楼梯教学。

3. 学习任务

楼梯设计（设计任务书见附录三）。

（二）　课程导入

在建筑中楼梯、电梯起到联系上下层的作用，是现代多层、高层建筑中常用的垂直交通设施。楼梯还作为不可替代的安全疏散通道。

第一节　概　　　述

一、楼梯的组成

通常情况下楼梯是由梯段、平台，以及栏杆和扶手组成的（见图7-1）。

1. 梯段

梯段是由若干个踏步构成的。每段楼梯的踏步数量应为3～18步。两段楼梯之间的空隙称为楼梯井。

2. 平台

平台是联系两个楼梯梯段的水平构件，为了解决楼梯梯段的转折和与楼层连接，同时也使人们在上下楼时能在此处稍做休息。平台往往分成两种，与楼层标高一致的平台通常称为楼层平台，位于两个楼层之间的平台称为中间平台。

课程由学生分析校内楼梯导入，以共情赋能楼梯教学，增进课程亲和力和学生认同感。

楼梯形式与类型

他山之石：梵蒂冈博物馆双螺旋梯，向上向下的双方位楼梯交织设计，形成视觉效果复杂的独特效果，也被称作蜗牛楼梯。

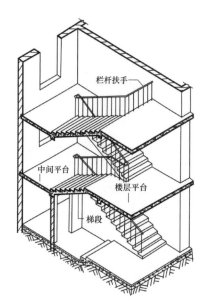

坡度教学可采用：学生谈体会，共情验真知。

楼梯、爬梯及坡道的坡度范围

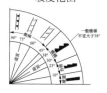

图 7-1　楼梯的组成

3. 栏杆和扶手

设置在楼梯梯段和平台边缘的安全防护构件。杆、栏板上部供人们用手扶持的连续斜向配件称为扶手。

二、楼梯形式

建筑中楼梯的形式较多，楼梯的分类和形式见本书第二章。

三、楼梯尺寸

1. 楼梯梯段及平台宽度

楼梯梯段及平台宽度是根据通行人数的多少（设计人流股数）和建筑的防火要求确定的，见本书第二章。

2. 楼梯的坡度

楼梯的坡度是指楼梯梯段沿水平面倾斜的角度。一般地，楼梯的坡度小，踏步相对平缓，行走就较舒适。楼梯的允许坡度范围在 23°～45°之间，正常情况下应当把楼梯坡度控制在 38°以内，一般认为 30°左右是楼梯的适宜坡度。楼梯的坡度有两种表示方法：一种是用楼梯梯段和水平面的夹角表示；另一种是用踏面和踢面的投影长度之比表示。

3. 踏步尺寸

一般认为踏面的宽度应大于成年男子脚的长度，以保证行走时的舒适。踢面的高度取决于踏面的宽度，可以利用经验公式 $2h+b \approx 600\mathrm{mm}$（式中 h 为踏步高度，b 为踏步宽度，600mm 为妇女及儿童跨步长度）计算。常用适宜踏步尺寸见表 7-1。

表 7-1　　　　　　　　　　常用适宜踏步尺寸　　　　　　　　　单位：mm

建筑类别	住宅	学校、办公楼	剧院、食堂	医院（病人用）	幼儿园
踏步高	156～175	140～160	120～150	150	120～150
踏步宽	250～300	280～340	300～350	300	260～300

由于踏步的宽度往往受到楼梯间进深的限制，可以采取加做踏步檐或使踢面倾斜增加踏面的尺寸，但踏步檐的挑出尺寸一般不大于 20mm，挑出尺寸过大会给行走带来不便（见图 7-2）。

4. 楼梯的净空高度

楼梯的净空高度包括楼梯段间净高和平台过道处净高两部分。楼梯段间净高是指梯段空间的最小高度，即下层梯段踏步前缘至其正上方梯段下表面的垂直距离。平台过道处净高是指平台过道地面至上部结构最低点（通常为平台梁）的垂直距离。我国规定，楼梯段间净高不应小于 2.2m，平台过道处净高不应小于2.0m，起止踏步前缘与顶部凸出物内边缘线的水平距离不应小于0.3m，见图 7-3。

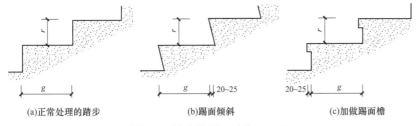

(a)正常处理的踏步　　　(b)踢面倾斜　　　(c)加做踢面檐

图 7-2　踏步处理（单位：mm）

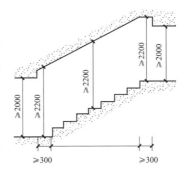

图 7-3　楼梯的净空高度
（单位：mm）

一般情况下，楼梯中间平台设计在楼层的 1/2 处，因此平台过道处净高不小于 2.0m 的要求往往不易实现，为了使平台过道处净高满足不小于 2.0m 的要求，主要采用三个办法：

（1）在建筑室内外地面高差较大的前提下，降低平台下过道处地面标高。

（2）增加第一跑楼梯的踏步数，使第一个休息平台位置上移。

（3）综合上面两种方法，采取长短跑楼梯的同时，降低平台下过道处地面标高，见图 7-4。

5. 栏杆和扶手高度

栏杆高度是指踏步前缘至上方扶手中心线的垂直距离，见图 7-5。一般室内楼梯栏杆高度不应小于 0.9m；室外楼梯栏杆高度不应小于 1.05m；高层建筑室外楼梯栏杆高度不应小于 1.1m。如果靠楼梯井一侧水平栏杆长度超过 0.5m，其高度不应小于 1.0m。

四、楼梯尺寸计算

在进行楼梯构造设计时，应对楼梯细部尺寸进行详细计算，下面以常用的平行双跑楼梯为例，说明楼梯尺寸的计算方法，见图 7-6。

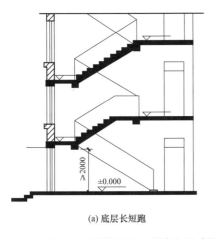

(a) 底层长短跑

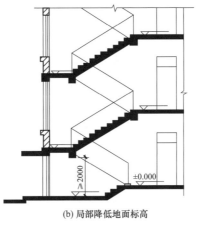

(b) 局部降低地面标高

图 7-4　楼梯间入口处净空尺寸调整的示意图（单位：mm）（一）

天津滨海新区图书馆（最美图书馆）：空间内部波浪般的结构纹理，是图书馆的主要功能空间，既是陈列书架，又是台阶，也是来访者的阅读空间。曲线柔美律动，形成层次感立面。

学生谈体会，共情验真知。培养学生以人为本设计理念。

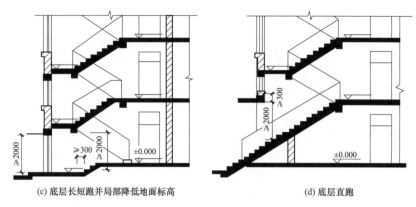

(c) 底层长短跑并局部降低地面标高　　　　(d) 底层直跑

图 7-4　楼梯间入口处净空尺寸调整的示意图（单位：mm）（二）

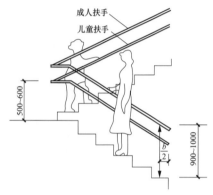

图 7-5　栏杆和扶手高度（单位：mm）

（1）根据层高 H 和初选踏步高 h，确定每层踏步数 N，$N=H/h$。

（2）根据踏步数 N 和初选踏步宽 b 决定梯段水平投影长度 L，$L=（0.5N-1）b$。

（3）确定是否设楼梯井。供儿童使用的楼梯井宽度不应大于 200mm，以利安全。

（4）根据楼梯间开间净宽 A 和楼梯井宽 C，确定梯段宽度 a，$a=(A-C)/2$。

（5）根据初选中间平台宽 D_1（$D_1 \geqslant a$）和楼层平台宽 D_2（$D_2 > a$），以及梯段水平投影长度 L 检验楼梯间进深净

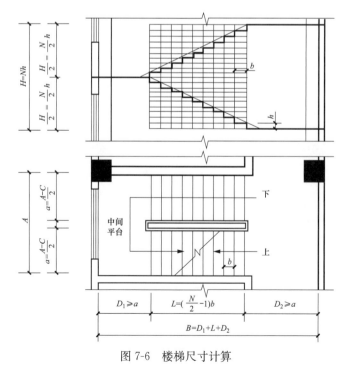

图 7-6　楼梯尺寸计算

长 B，$D_1+L+D_2=B$。如不能满足，可对 L 值进行调整（即调整 b 值）。

第二节 预制装配式楼梯

预制装配式楼梯按构造方式可分为梁承式楼梯、墙式楼梯和悬臂楼梯。

一、预制装配梁承式楼梯

梁承式楼梯是梯段由平台梁支承的楼梯构造方式（见图 7-7～图 7-10）。

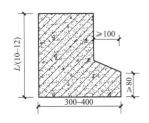

图 7-7 预制平台梁（单位：mm）

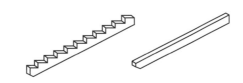

图 7-8 预制斜梯梁

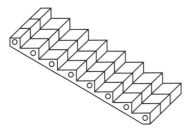

图 7-9 预制梯段板

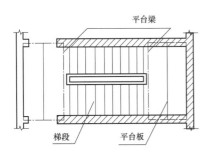

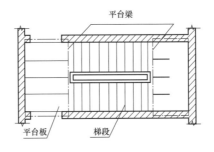

图 7-10 预制楼梯构件平面布置图

二、预制装配墙承式楼梯

墙承式楼梯是把预制的踏步板搁置在两侧的墙上（见图 7-11）。墙承式楼梯适用于两层建筑的直跑楼梯或中间设有电梯井道的三跑楼梯。其抗震性能差，施工麻烦，应用较少。

三、预制装配悬臂楼梯

悬臂楼梯又称悬臂踏板楼梯。悬臂楼梯的踏步板一端嵌入墙内，另一端形成悬臂（见图 7-12）。预制的踏步板依次砌入楼梯间侧墙，组成楼梯段。其抗震性能差，施工麻烦，应用较少。

预制钢筋混凝土楼梯

预制钢结构楼梯

节点连接均可
查阅图集

通过引导学生查阅图集，培养学生主动对接规范及自主学习的能力。

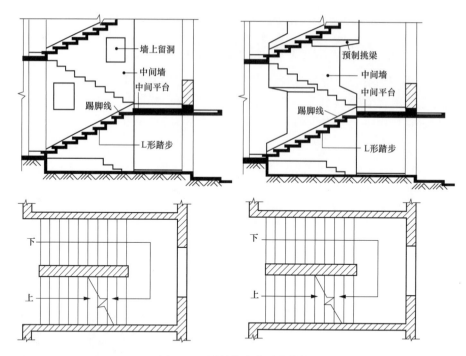

图 7-11　预制装配墙承式楼梯

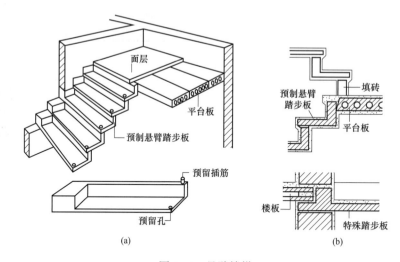

图 7-12　悬臂楼梯

第三节　现浇整体钢筋混凝土楼梯

现浇钢筋混凝土楼梯是整体浇筑的，整体性好、刚度大，但施工进度慢、施工程序较复杂。现浇钢筋混凝土楼梯可分为板式楼梯和梁式楼梯两种。

一、梁式楼梯

梁式楼梯是指由斜梁承受梯段上全部荷载，斜梁把荷载传给平台梁的楼梯，斜梁应当设置在梯段的两侧。梁式楼梯适用于荷载较大、层高较大的建筑，如商场、教学楼等公共建筑。

二、板式楼梯

板式楼梯是指由梯段板承受该梯段上全部荷载的楼梯（见图 7-13）。梯段分别与上下两端的平台梁浇筑在一起，并由平台梁支承。板式楼梯适用于荷载较小、层高较小的建筑。

有时为了保证平台过道处的净空高度，可以在板式楼梯的局部位置取消平台梁，称为折板式楼梯。

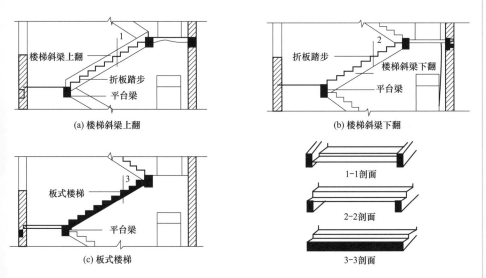

(a) 楼梯斜梁上翻

(b) 楼梯斜梁下翻

(c) 板式楼梯

图 7-13　现浇钢筋混凝土板式楼梯

第四节　楼梯细部构造

踏步细部、栏杆和扶手进行适当的构造处理，保证楼梯的使用安全和美观。

一、踏步面层及防滑处理

一般而言，踏步面层与走廊地面采用相同材料。踏步前缘设防滑保护措施（见图 7-14）。

二、栏杆与扶手构造

栏杆通透性好，对建筑空间具有良好的装饰作用，在楼梯中采用较多。栏杆多采用金属材料制作，如钢材、铝材、铸铁花饰等。用相同或不同规格的金属型材拼接、组合成不同的规格和图案，可使栏杆在确保安全的同时又能起到装饰作用。栏杆垂直构件之间的净间距不应大于 110mm。经常有儿童活动的建筑，栏杆的分格应设计成儿童不易攀登的形式，以确保安全。栏杆与栏板构造见图 7-15。

栏杆必须与楼梯梯段有牢固、可靠的连接。目前在工程上采用的连接方式多种多样，应当根据工程实际情况和施工能力合理选择连接方式（见图 7-16）。

扶手也是楼梯的重要组成部分，室外楼梯不宜使用木扶手，以免淋雨后变形和开裂。不论何种材料的扶手，其表面必须光滑圆顺，便于扶持，连接节点必须牢固可靠，见图 7-17。

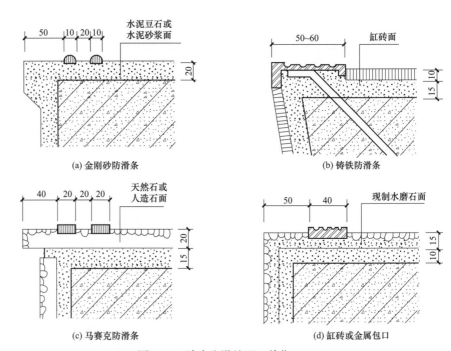

图 7-14　踏步防滑处理（单位：mm）

技能训练：识读折行双跑楼梯构造施工图。

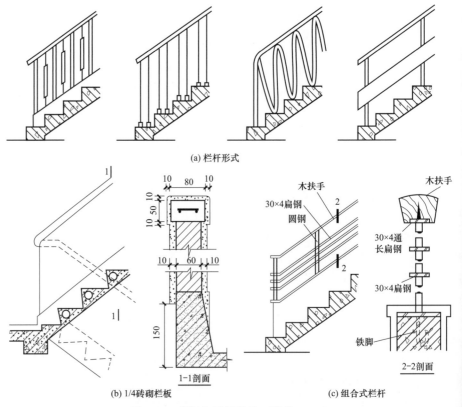

图 7-15　栏杆与栏板构造（单位：mm）

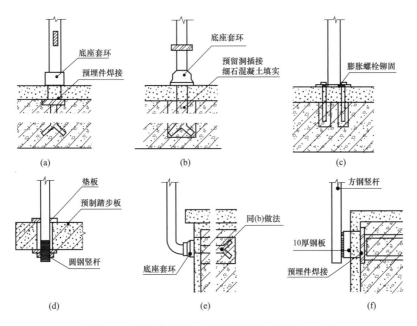

图 7-16　栏杆与梯段、平台的连接（单位：mm）

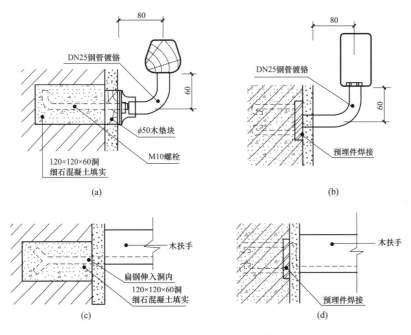

图 7-17　扶手与墙面连接（单位：mm）

　　上下梯段的扶手在平台转弯处若存在高差，应进行调整和处理（见图 7-18）。当上下梯段在同一位置起步时，可以把楼梯井处的横向扶手倾斜设置，连接上下两段扶手。如果把平台处栏杆外伸约 1/2 踏步或将上下梯段错开一个踏步，或将上下两段扶手断开，就可以使扶手顺利连接，但这种做法栏杆占用平台尺寸较多，楼梯的占用面积也要增加。

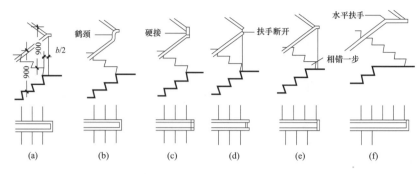

图 7-18 楼梯转折处栏杆扶手处理（单位：mm）

第五节 台 阶 与 坡 道

由于建筑室内外地面存在高差，需要在建筑入口处设置台阶和坡道作为建筑室外的过渡。台阶是供人们进出建筑之用，坡道是为车辆及残疾人而设置的。

一、台阶

1. 台阶尺度

由于室外台阶受雨、雪的影响较大，为确保人身安全，台阶的坡度宜平缓些。为防止台阶上积水向室内流淌，台阶应向外侧做 0.5%～1% 找坡，台阶面层标高应比首层室内地面标高低 10mm 左右。通常踏步的踏面宽度不应小于300mm，踢面高度不应大于 150mm。影剧院、体育馆观众厅疏散出口门内外1.40m 范围内不能设台阶踏步。人流密集场所台阶的高度超过 1.0m 时，宜有护栏设施。台阶与建筑出入口之间的缓冲平台宽度应大于所连通的门洞口宽度，一般至少每边宽出 500mm，其深度不应小于 1.0m（见图 7-19）。

人文关怀：为使残疾人能平等地参与社会活动，体现社会对特殊人群的关爱，在公共建筑及市政工程中设置方便残疾人使用的设施，轮椅坡道是其中之一。我国专门制定了《无障碍设计规范》（GB 50763 － 2012），对有关问题做出了明确的规定。

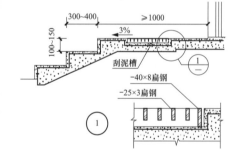

图 7-19 台阶尺度（单位：mm）

2. 台阶构造

考虑雨、雪天气通行安全，台阶宜用防滑性能好的面层材料。大多数台阶采用实铺，在严寒地区，为保证台阶不受土壤冻胀影响，需设置砂垫层。大多数台阶在结构上和建筑主体是分开的，台阶与建筑主体之间设沉降缝。当台阶尺度较大时可选用架空台阶，架空台阶的平台板和踏步板均为预制钢筋混凝土板，分别搁置在梁上或砖砌地垄墙上。台阶构造见图 7-20。

二、坡道

坡道按照其用途的不同，可分为行车坡道和轮椅坡道两类。行车坡道可分为普通行车坡道与回车坡道。轮椅坡道是专供残疾人使用的。台阶与坡道合并设置见图 7-21。

1. 坡道的尺寸和坡度

坡道的坡度与建筑室内外地面高差及坡道的面层处理方法有关。轮椅坡道

无障碍坡道
设地面提示块

供残疾人使用的规定见表 7-2。当超过规定时，应在坡道中部、转弯处设休息平台，深度不应小于 1.50m（见图 7-22）；在坡道的起点及终点，应留有深度不小于 1.50m 的轮椅缓冲地带；坡道两侧应在 0.9m 高度处设扶手，坡道起点及终点处的扶手应水平延伸 0.3m 以上（见图 7-23）。

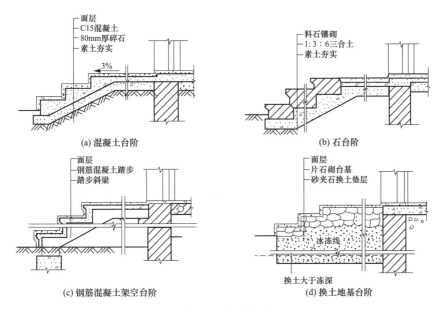

图 7-20　台阶构造

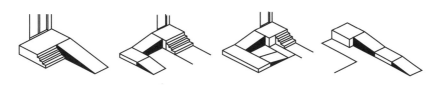

图 7-21　台阶与坡道合并设置

表 7-2　　　　　　每段坡道坡度、最大高度和水平长度最大容许值

坡度	1/20	1/16	1/12	1/10	1/8	1/6
坡段最大高度（mm）	1500	1000	750	600	350	200
坡段水平长度（mm）	30000	16000	9000	6000	2800	1200

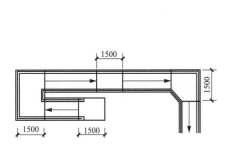

图 7-22　坡道平台的设置（单位：mm）

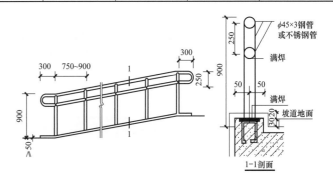

图 7-23　坡道栏杆扶手构造（单位：mm）

2. 坡道构造

坡道一般均采用实铺，构造要求与台阶基本相同（见图 7-24）。

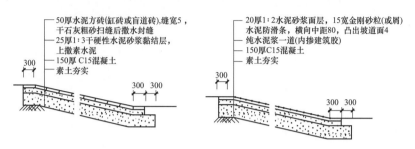

图 7-24　坡道构造（单位：mm）

识读电梯构造图

第六节　电梯与自动扶梯

一、电梯

1. 电梯的类型

电梯根据使用性质可分为乘客电梯、病床电梯、客货电梯、载货电梯、杂物电梯；根据行驶速度可分为高速电梯、中速电梯、低速电梯；根据消防要求可分为普通乘客电梯和消防电梯。

2. 电梯的构造

电梯由井道、机房和轿厢三部分组成。井道是电梯轿厢运行的通道。井道内部设置电梯导轨、平衡配重等电梯运行配件，并设有电梯出入口。电梯井道可以用砖砌筑，或采用现浇钢筋混凝土墙。砖砌井道一般每隔一段应设置钢筋混凝土圈梁，供固定导轨等设备用。电梯机房一般设在电梯井道的顶部，也有少数电梯把机房设在井道底层的侧面。

二、自动扶梯

自动扶梯一般设在室内，也可以设在室外。自动扶梯的电动机械装置设置在楼板下面，需要占用较大的空间。底层应设置地坑，供安放机械装置用，并要做防水处理。

课 后 拓 展 学 习

建筑消防安全知识。

课 后 实 操 训 练

楼梯设计（设计任务书见附录三）。

教 学 评 价 与 检 测

评价依据：

（1）楼梯设计。

（2）理论测试题。

1）如何确定楼梯的尺度？如何调整首层通行平台下的净高？

2）简述现浇钢筋混凝土楼梯的构造做法。

3）请结合装配式建筑论述预制装配式楼梯构造。

4）轮椅坡道的坡度、长度、宽度有何具体规定？

第八章　楼　地　层

（一）　总体目标

通过本章的学习，使学生了解楼地层的作用、类型及设计要求，理解楼地层的基本组成及选用范围；掌握楼地层的构造做法。教学以实习实践为熔炉，淬炼学生安全施工生产意识；以我国建筑技术巨大进步，激发学生创新热情；以大国工匠的英雄事迹唤起学生自觉为中华民族伟大复兴而奋力拼搏的使命感与责任感。

（二）　具体目标

1. 知识目标

（1）了解楼地层的作用、类型、特点及设计要求。

（2）理解楼地层的基本组成及选用范围。

（3）掌握钢筋混凝土楼板及其他形式楼板构造。

（4）掌握顶棚的类型及构造。

（5）掌握雨篷的构造。

（6）掌握阳台的结构类型与构造。

2. 能力目标

（1）能够结合工程实际确定楼板层构造方案。

（2）能够结合工程实际确定地坪层构造方案。

（3）能够结合工程实际确定吊顶、雨篷及阳台构造方案。

3. 素质目标

（1）警钟长鸣，强化学生的安全施工意识。

（2）以建筑技术巨大进步激发学生创新热情。

（3）以大国工匠的英雄事迹唤起学生自觉为中华民族伟大复兴而奋力拼搏的使命感与责任感。

教　学　重　点　和　难　点

（一）　重点

（1）楼板层的构造处理。

（2）地坪层的构造处理。

（3）顶棚的构造处理。

（二）　难点

（1）钢筋混凝土楼板的构造。

（2）吊顶的构造做法。

教　学　策　略

楼地层是水平方向分隔建筑空间的承重构件，应满足使用、结构、施工及经济等方面的要求。本章重点介绍楼板层及地坪层的构造处理，为提升教学效果，采用构造模型教学、预制构件工厂和工程施工现场实习及企业导师现场教学（企业课堂）的教学方式，以实习感知建筑技术进步，正向陶染和感化学生，提升教学的针对性和吸引力，激发学生的创新热情；以实习实践为熔炉，感知工程安全施工的重要性，淬炼学生安全施工意识；以企业导师成长经历或大国工匠的奋斗故事与学生的成长经历相结合，引导学生进行恰当的情感迁移，使他们在当下的学习中进一步坚定意志、明确方向，自觉为中华民族伟大复兴而奋力拼搏。

本章采取"课前引导（模型教学）—企业课堂（现场教学）—技能训练（现场教学）—课后拓展"的教学策略。

（一）　课前引导

根据学习内容观察教学模型，进行实习纪律教育，为企业课堂（现场教学）进行准备。

（二）　企业课堂

在预制构件工厂和工程施工现场进行实习，由企业导师现场教学，学生边学边练，对学生达成有效的刺激和深度的影响，提升教学的针对性和吸引力。

（三）　技能训练

企业导师布置工作任务，引导学生运用专业知识解决实际问题，增强学生获得感。

（四）　课后拓展

引导学生自主学习建筑工业化知识，理解建筑行业发展趋势。

教　学　设　计

（一）　教学准备

1. 情感准备

进行实习纪律教育，教育学生爱岗敬业，遵纪守法，服从企业和学院对现场教学和实习的安排及管理，认真履行岗位职责，按时保质保量完成实习任务。

2. 知识准备

复习：通过学生楼梯设计，复习楼梯知识要点。

预习：楼地层构造处理方法。

3. 实习准备

学生分组，发放安全物品。

4. 资源准备

工程图纸、授课课件、数字资源库等。

（二） 教学架构

楼板层的构造处理
地坪层的构造处理
顶棚的构造处理

专业培养

思政教育

创新精神
安全施工意识
报效祖国精神

（三） 技能训练

企业导师布置工作任务，引导学生运用专业知识解决实际问题，增强学生获得感。

（四） 思政教育

根据授课内容，本章主要在创新精神、安全施工意识、报效祖国精神三个方面开展思政教育。

（五） 教学方法

企业课堂、认识实习、小组学习、互动讨论等。

（六） 效果评价

建议采用注重学生全方位能力评价的集"自我评价＋团队评价＋课堂表现＋教师评价＋自我反馈评价"于一体的评价方法。同时引导学生自我纠错、自主成长并进行学习激励，激发学生学习的主观能动性。

（七） 学时建议

4/48（本章建议学时/课程总学时 48 学时）。

教学过程及内容

（一） 课前引导

1. 课前复习

通过楼梯设计，复习楼梯知识要点。

2. 课前预习

通过构造模型，预习楼地层构造处理方法。

（二） 课程导入

通过布置实习导入课程。

第一节 概 述

楼地层包括楼板层和地坪层（见图 8-1）。楼板层是建筑水平分隔的承重构件。地坪层是建筑物底层与土壤相接的构件，承受作用在底层地面上的全部荷载，并将它们均匀地传给地基。

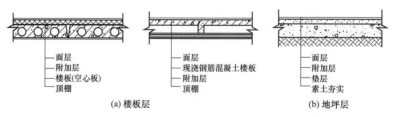

面层
附加层
楼板(空心板)
顶棚

面层
现浇钢筋混凝土楼板
附加层
顶棚

面层
附加层
垫层
素土夯实

(a) 楼板层

(b) 地坪层

图 8-1 楼地层的组成

一、楼板层的组成

楼板层主要由面层、结构层和顶棚三部分组成，根据需要可设置附加层。

（1）面层。又称为楼面，保护楼板、承受并传递荷载，对室内有清洁及装饰作用。

（2）楼板。是楼层的结构层，承受楼板层上的全部荷载并将这些荷载传给墙（梁）或柱；同时，还对墙身起水平支撑作用，以加强建筑物的整体刚度。

（3）顶棚层。位于楼板层最下层，保护楼板、安装灯具、装饰室内、敷设管线等。

（4）附加层。又称功能层，根据具体要求而设置，如找平、隔声、隔热、保温、防水、防潮、防腐蚀、防静电等。附加层有时和面层合二为一，有时又和吊顶合为一体。

二、楼地层的设计要求

（1）强度和刚度要求。强度是指楼板能承受自重和使用荷载；刚度是指楼板的变形在允许范围内。

（2）使用功能的要求。楼地层满足保温、隔热、防火、防水、隔声等使用要求。

（3）便于在楼板层和地坪层中敷设各种管线。

（4）经济要求。一般楼地面占建筑物总造价的 20％～30％，选用楼板时应考虑就地取材和提高装配化程度等问题。

三、楼板层的类型

按所用材料不同，楼板可分为木楼板、钢筋混凝土楼板、钢楼板等多种类型。

（1）木楼板。在木隔栅上下铺钉木板，并在隔栅之间设置剪力撑以加强整体性和稳定性。这种楼板构造简单、施工方便、自重轻，但防火及耐久性差，且木材消耗量大。

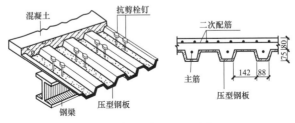

（2）钢筋混凝土楼板。具有强度高、刚度好，耐火、耐久和可塑性好的特点，应用广泛。

图 8-2　压型钢板组合楼板（单位：mm）

（3）压型钢板组合楼板。利用钢衬板作为承重构件和底模，强度和刚度高，施工速度快（见图 8-2）。

第二节　钢筋混凝土楼板

钢筋混凝土楼板按其施工方法不同，可分为现浇式、装配式和装配整体式三种。

一、现浇钢筋混凝土楼板

现浇钢筋混凝土楼板是在施工现场通过支模、绑扎钢筋、浇筑混凝土、养护等工序而成型的楼板，其整体性好、抗震能力强、便于留孔洞、布置管线方

时代楷模：2020 年
"全国劳动模范"
王佳庆

使用功能要求

便，但模板用量大、施工速度慢。现浇钢筋混凝土楼板按受力和传力情况可分为肋形楼板、井字楼板、无梁楼板等。

1. 肋形楼板

肋形楼板由板、次梁和主梁现浇而成（见图 8-3）。当板为单向板时，称为单向板肋形楼板；当板为双向板时，称为双向板肋形楼板。梁、板的经济尺度见表 8-1。

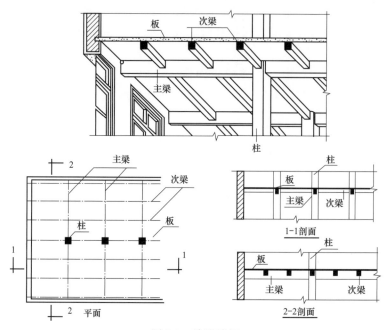

图 8-3　肋形楼板

表 8-1　　　　　　　　　　　　　梁、板的经济尺度

构件名称	经济尺度		
	跨度 L	梁高（板厚）h	梁宽 b
主梁	5～8m	$(1/14～1/8) L$	$(1/3～1/2) h$
次梁	4～6m	$(1/18～1/12) L$	$(1/3～1/2) h$
板	1.5～3m	简支板 $1/35L$ 连续板 $1/40L$（60～80mm）	

2. 井字楼板

当房间尺寸较大并接近正方形时，沿两个方向布置等距离、等截面高度的梁（不分主次梁）形成井格形的双向受力梁板结构，纵梁和横梁同时承担着由板传递下来的荷载。井字楼板有正井式和斜井式两种。梁与墙之间呈正交梁系的为正井式。井字楼板常用于跨度为 10m 左右、长短边之比小于 1.5 的公共建筑的门厅、大厅。井字楼板构造见图 8-4。

3. 无梁楼板

无梁楼板是不设主梁和次梁，将楼板直接支承在柱上（见图 8-5）。柱网一般布置为正方形或矩形，柱距以 6m 左右较为经济。为减少板跨、改善板的受力条件和加强柱对板的支承作用，一般在柱的顶部设柱帽或托板。由于其板跨较大，板厚不宜小于 120mm，一般为 160～200mm。无梁楼板楼层净空较大，顶棚平整，采光通风和卫生条件较好。

图 8-4 井字楼板构造

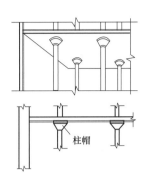

图 8-5 无梁楼板构造

具体构造及要求查阅图集：《国家建筑标准设计图集（16G101－1）》。

通过引导学生查阅图集，培养学生主动对接规范及自主学习的能力。

警钟长鸣：迈阿密 Champlain 公寓楼倒塌事件。

二、预制装配式钢筋混凝土楼板

预制装配式钢筋混凝土楼板是将楼板在预制厂或施工现场预制，在施工现场装配而成的楼板。其具有节省模板、劳动生产率高、施工速度快、工期短等优点，但楼板的整体性差。

1. 楼板类型

常用的预制装配式钢筋混凝土楼板根据截面形式可分为平板、槽形板和空心板三种类型（见图 8-6）。

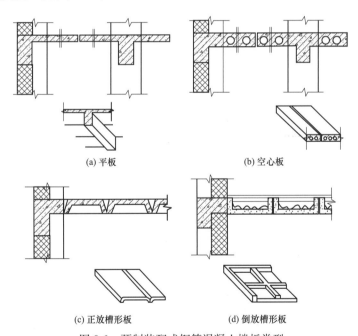

(a) 平板　　　　　　　　(b) 空心板

(c) 正放槽形板　　　　　　(d) 倒放槽形板

图 8-6 预制装配式钢筋混凝土楼板类型

（1）平板。平板的两端支承在墙或梁上，板厚一般为 50～80mm，跨度在 2.4m 以内为宜。其制作简单，宜用于跨度小的走廊板、楼梯平台板、阳台板、管沟盖板等处。

（2）槽形板。槽形板由板和边肋组成，是一种梁板结合的构件，即在实心板两侧设纵向边肋，构成槽形截面。它具有自重轻、省材料、造价低、便于开孔等优点。槽形板有预应力和非预应力两种。槽形板有正放和倒放两种搁置方式。正放槽形板边肋向下，板底不平，可做吊顶遮盖。倒放槽形板边肋向上放置，在槽内填充轻质材料，保温隔热，且顶棚平整。

（3）空心板。空心板是将平板沿纵向抽空而成，孔洞形状有圆形、长圆形和矩形等，其中以圆孔板的制作最为方便，应用最广泛。空心板也是一种梁板结合的预制构件，可分为非预应力空心板和预应力空心板。空心板板面不能随意开洞。在安装时，空心板孔的两端常用砖或混凝土填塞，以免灌注端缝时漏浆，同时保证板端的局部抗压能力。

2. 楼板结构布置

在进行楼板结构布置时，应先根据房间开间、进深的尺寸确定构件的支承方式，然后选择板的规格，进行合理的安排。结构布置时尽量减少板的规格、类型，遇有上下管线、烟道、通风道穿过楼板时，为防止圆孔板开洞过多，应尽量将该处楼板设计为现浇板或板带。

三、装配整体式钢筋混凝土楼板

装配整体式钢筋混凝土楼板是先预制部分构件，然后在现场安装，再以整体浇筑的方法将其连成一体的楼板。它综合了现浇式楼板整体性好和装配式楼板施工简单、工期较短的优点，又避免了现浇式楼板湿作业量大、施工复杂和装配式楼板整体性较差的弱点。常用的装配整体式钢筋混凝土楼板有叠合楼板。

叠合楼板桁架钢筋

预制带肋底板
混凝土叠合楼板

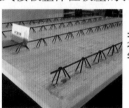
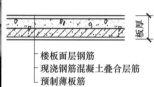

楼板面层钢筋
现浇钢筋混凝土叠合层筋
预制薄板筋

图 8-7 预制叠合楼板

预制叠合楼板是由预制薄板和现浇钢筋混凝土层叠合而成的装配整体式钢筋混凝土楼板（见图 8-7）。预制薄板既是楼板结构的组成部分，又是现浇钢筋混凝土层的永久性模板。现浇钢筋混凝土叠合层内可敷设水平设备管线。预制薄板底面平整，可直接喷浆或贴其他装饰材料作为顶棚。在预制薄板内设置桁架钢筋，可增加预制薄板的整体刚度和水平界面抗剪性能。钢筋桁架的下弦与上弦可作为楼板的下部和上部受力钢筋使用。施工阶段，验算预制薄板的承载力及变形时，可考虑桁架钢筋的作用，减少预制薄板下的临时支撑。

第三节 地坪层构造

地坪层主要由面层、垫层和基层三部分组成，对有特殊要求的地坪，常在面层和垫层之间增设附加层，见图 8-1（b）。

一、基层

基层为地坪层的承重层，一般为土壤。当土壤条件较好、地层上荷载不大时，一般采用原土夯实或填土分层夯实；当地层上荷载较大时，则需对土壤进行换土或夯入碎砖、砾石等，如 100～150mm 厚 2：8 灰土，或 100～150mm 厚碎砖、道渣三合土等。

二、垫层

垫层是承重层和面层之间的填充层，一般起找平和传递荷载的作用。因土壤强度较低，因此地坪层的垫层一般较厚、强度较大、刚度较好，能承受上部荷载并将其均匀地传给基层。一般采用 C15 素混凝土或焦渣混凝土等做垫层，厚度为 80～100mm。

三、面层

面层是地面上人、家具、设备等直接接触的部分，起着保护垫层和装饰室内的作用。面层的材料和做法应根据室内的使用、耐久性要求和装修要求来确定。

四、附加层

地面的附加层主要是为了满足某些特殊使用功能要求而设置的，如防潮层、防水层、管线敷设层、保温隔热层等。

第四节　楼地面的装修

一、不同类型的房间对楼地面的要求

楼地面是人们日常生活、工作和生产时必须接触的部分，也是建筑中直接承受荷载，经常受到摩擦、清扫和冲洗的装修部分。在进行地面和楼面的设计或施工时，应根据房间的使用功能和装修标准，选择适宜的面层和附加层，从构造设计到施工质量确保地面具有坚固、耐磨、平整、不起灰、易清洁、有弹性、保温、防潮、防火、防腐蚀等特点。

二、楼地面的构造做法

楼地面装修分为整体地面、块材地面、卷材地面和涂料地面四大类型。

1. 整体地面

现场浇筑做成整片的地面称为整体地面，常用的有水泥砂浆地面、水磨石地面等。

（1）水泥砂浆地面。水泥砂浆地面有单层和双层构造之分。单层做法是先刷素水泥砂浆接合层一道，再用 15～20mm 厚 1∶2 水泥砂浆压实抹光。双层做法是先以 15～20mm 厚 1∶3 水泥砂浆打底找平，再以 5～10mm 厚 1∶2 或 1∶3 的水泥砂浆抹面。水泥砂浆地面造价低，但易结露、易起灰、无弹性。

（2）水磨石地面。水磨石地面是用水泥作胶结材料，大理石或白云石等中等硬度石料的石屑作骨料形成的水泥石屑浆浇抹硬结后，经磨光打蜡而成，见图 8-8。其耐磨性更好、表面光洁、不易起灰。常规做法是先用 10～15mm 厚1∶3 水泥砂浆打底找平，用 1∶1 水泥砂浆固定分格条（玻璃条、铜条或铝条等），然后用 1∶2～1∶2.5 水泥石渣浆抹面，浇水养护约一周后用磨石机磨光，再用草酸清洗，打蜡保护。分格条的作用是将地面划分成面积较小的区格，减少开裂。

2. 块材地面

块材地面是指利用各种块材铺贴而成的地面，按面层材料不同有陶瓷板块地面、石板地面、木地面等。

楼板层隔声要求及构造：噪声有空气传声、固体传声。隔离空气传声，要求楼板密实、无裂缝。隔离固体传声，常采用铺设弹性垫层、浮筑式楼板或者吊顶棚隔声构造。

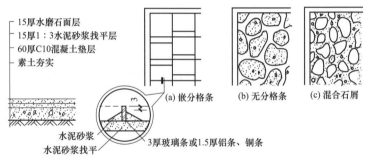

图 8-8　水磨石地面（单位：mm）

彩色水磨石地面

（1）水泥制品块材地面（见图 8-9）。水泥制品块材尺寸大，且较厚时，采用砂垫层；水泥制品块材尺寸小，且较薄时，与基层用水泥砂浆黏结。

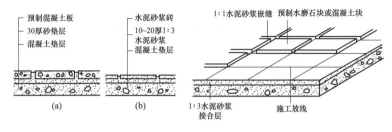

图 8-9　水泥制品块材地面（单位：mm）

橡胶地面

（2）陶瓷板块地面（见图 8-10）。用于地面的陶瓷板块有缸砖、陶瓷锦砖、釉面陶瓷地砖等。这类地面表面致密光洁、耐磨、耐腐蚀、吸水率低、不变色，一般适用于用水的房间或有腐蚀的房间，如厕所、盥洗室、浴室和实验室等。缸砖等陶瓷板块地面的铺贴方式是在结构层或垫层找平的基础上抹素水泥面（洒适量清水），用 5～10mm 厚 1∶1 水泥浆铺平拍实，再用干水泥擦缝。

陶土广场砖

（3）石板地面（见图 8-11）。石板地面包括天然石地面和人造石地面。天然石有大理石和花岗石等。人造石有预制水磨石板、人造大理石板等。与陶瓷板块地面相比，人造大理石板、水磨石板耐磨性较差，但装饰效果好；磨光花岗石板的耐磨性与装饰效果极佳，但价格昂贵，是高档的地面装饰材料。

陶瓷地砖

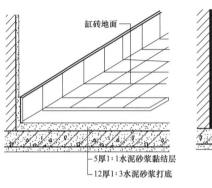
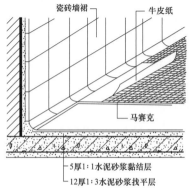

图 8-10　陶瓷板块地面（单位：mm）

石板尺寸较大，铺设时需预先试铺，合适后再正式粘贴，粘贴表面的平整度要求高。其构造做法是在混凝土垫层上先用 20～30mm 厚 1∶3～1∶4 干硬性水泥砂浆找平，再用 5～10mm 厚 1∶1 水泥砂浆铺贴石板，缝中灌稀水泥浆擦缝。

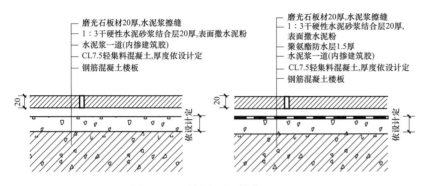

图 8-11　石板地面（单位：mm）

（4）木地面。木地面的主要特点是有弹性、不起灰、不返潮、易清洁、保温性好，但耐火性差，保养不善时易腐朽，且造价较高，一般用于装修标准较高的住宅、宾馆、体育馆、健身房、剧院舞台等建筑中。木地面按构造方式有空铺式和实铺式两种。

实铺木地面有铺钉式和粘贴式两种做法。铺钉式实铺木地面有单层和双层做法（见图 8-12 和图 8-13），单层做法是将木地板直接钉在钢筋混凝土基层上的木格栅上；若在木格栅上加设 45°斜铺木毛板，再钉长条木板或拼花地板，就形成了双层做法。为了防腐可在基层上刷冷底子油一道，热沥青玛蹄脂两道，木龙骨及横撑等均满涂氟化钠防腐剂。另外，还应在踢脚板处设置通风口，使地板下的空气流通，以保持干燥。

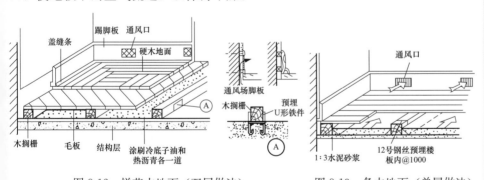

图 8-12　拼花木地面（双层做法）　　图 8-13　条木地面（单层做法）

粘贴式实铺木地面（见图 8-14）是将木地面用黏结材料直接粘贴在钢筋混凝土楼板或混凝土垫层上的砂浆找平层上。其做法是先在钢筋混凝土基层上用 20mm 厚 1∶2.5 水泥砂浆找平，可直接用黏结剂刷在水泥砂浆找平层上进行粘贴。

空铺木地面（见图 8-15）常用于底层地面，其做法是将木地板架空，使地板下有足够的空间通风，以防木地板受潮腐烂。空铺木地面由于构造复杂，耗费木材较多，因而采用较少。

空铺木地面传统做法

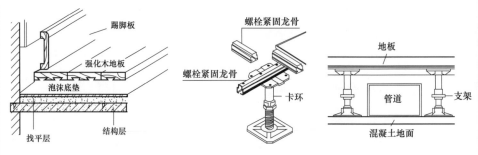

图 8-14　粘贴式实铺木地面　　　　图 8-15　空铺木地面

3. 卷材地面

卷材地面是用成卷的材料铺贴而成。常见卷材有软质聚氯乙烯塑料地板、橡胶地板及地毯等，可用黏结剂粘贴在水泥砂浆找平层上，也可干铺。塑料地板的拼接缝隙通常切割成 V 形，用三角形塑料焊条焊接（见图 8-16）。

4. 涂料地面

涂料地面是利用涂料涂刷或涂刮而成。它是水泥砂浆地面的一种表面处理形式，用以改善水泥砂浆地面在使用和装饰方面的不足。人工合成高分子涂料是由合成树脂加入填料、颜料等搅拌混合而成的材料，现场涂布施工，硬化以后形成整体的涂料地面。其特点是无缝、易清洁，施工方便，造价较低，提高地面耐磨性、韧性和不透水性。环氧树脂地面见图 8-17。

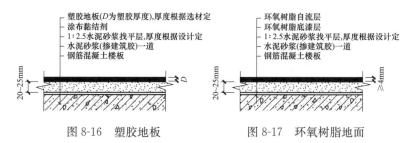

图 8-16　塑胶地板　　　　图 8-17　环氧树脂地面

楼板层防水构造

楼地面变形缝
金属调节板

三、楼地层变形缝

楼地层变形缝的位置与墙体变形缝一致。变形缝内也常以具有弹性的油膏、沥青麻丝、金属或塑料调节片等材料作填或盖缝处理，上铺与地面材料相同的活动盖板、铁板或橡胶条等以防灰尘下落（见图 8-18）。

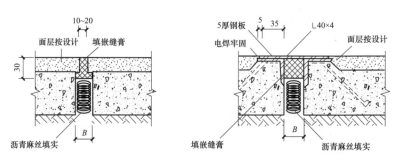

图 8-18　楼地层变形缝构造（单位：mm）（一）

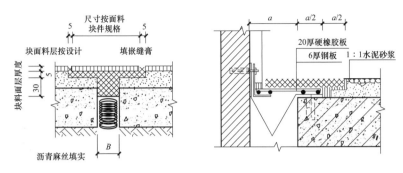

图 8-18　楼地层变形缝构造（单位：mm）（二）

第五节 顶 棚 构 造

顶棚是楼板层下面的装修层，具有美化空间、防火、隔声、保温、隐蔽管线等功能。顶棚按构造方式不同有直接式顶棚和吊顶棚两种类型。

一、直接式顶棚

直接式顶棚是指直接在钢筋混凝土楼板下做饰面层而形成的顶棚。这种顶棚构造简单，施工方便，造价较低，适用于多数房间。

（1）直接喷刷涂料顶棚。在楼板底面填缝刮平后直接喷刷大白浆、石灰浆等涂料。

（2）抹灰顶棚，见图 8-19（a）。在楼板底面抹灰后再喷刷涂料。顶棚抹灰可用纸筋灰、水泥砂浆等。

（3）贴面顶棚，见图 8-19（b）。楼板底面用砂浆打底找平后，用黏结剂粘贴墙纸、泡沫塑料板、铝塑板或装饰吸声板等，形成贴面顶棚。

二、吊顶棚

吊顶棚是指悬挂在屋顶或楼板下，由骨架和面板所组成的顶棚。吊顶棚构造复杂、施工麻烦、造价较高，一般用于楼板底部不平、楼板下敷设管线及有特殊要求的房间。

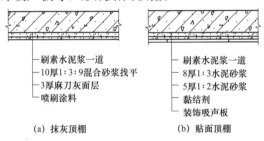

（a）抹灰顶棚　　（b）贴面顶棚

图 8-19　顶棚构造（单位：mm）

技术规程

1. 吊顶棚的设计要求

（1）吊顶棚应具有足够的净空高度，以便于各种设备管线的敷设。

（2）合理地安排灯具、通风口的位置，以符合照明、通风要求。

（3）选择合适的材料和构造做法，使其燃烧性能和耐火极限满足防火规范的规定。

（4）吊顶棚应便于制作、安装和维修。

（5）对特殊房间，吊顶棚应满足隔声、音质、保温等特殊要求。

（6）应满足美观和经济等方面的要求。

2. 吊顶棚构造

吊顶棚由龙骨和面板组成（见图 8-20）。

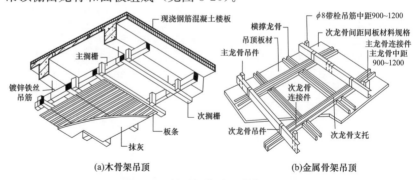

(a)木骨架吊顶　　　　　　　(b)金属骨架吊顶

图 8-20　吊顶棚构造（单位：mm）

龙骨用来固定面板并承受其重力，一般由主龙骨（又称主搁栅）和次龙骨（又称次搁栅）两部分组成。主龙骨通过吊筋与楼板相连，一般单向布置；次龙骨固定在主龙骨上，其布置方式和间距视面层材料和顶棚外形而定。主龙骨按所用材料不同可分为金属龙骨和木龙骨两种。为节约木材、减轻自重及提高防火性能，现多采用薄钢带或铝合金制作的轻型金属龙骨。面板有木质板、石膏板和铝合金板等。

第六节　阳台与雨篷构造

一、阳台

1. 阳台类型

阳台是楼房建筑中不可缺少的室内外过渡空间。人们可利用阳台晒衣、休息、眺望或从事家务活动。阳台按其与外墙的位置关系可分为凸阳台、凹阳台与半凸半凹阳台（见图 8-21），住宅阳台按照功能的不同可分为生活阳台和服务阳台。

他山之石：梯田式退台设计创造出更多户外空间——纽约第一街 251 号公寓

预制阳台板

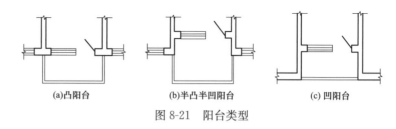

(a)凸阳台　　　　　(b)半凸半凹阳台　　　　　(c) 凹阳台

图 8-21　阳台类型

2. 阳台的结构布置

凹阳台的承重结构布置可按楼板层的受力分析进行，采用搁板式布板方法。凸阳台的受力构件为悬挑构件，承重方案可分为挑梁式和挑板式两种类型。

（1）挑板式阳台。利用楼板从室内向外延伸形成挑板式阳台，构造简单，施工方便。阳台挑板选用预制板，阳台的长宽可不受房屋开间的限制而按需要调整；阳台板选用与墙梁整浇在一起的现浇板，须注意阳台板的稳定。一般可通过增加墙梁长度，借助梁自重进行平衡；也可利用楼板的重力或其他措施来平衡。挑板式阳台的构造见图 8-22。

（2）挑梁式阳台。从横墙内向外伸挑梁，其上搁置预制楼板或现浇板。阳台荷载通过挑梁传给纵横墙，由压在挑梁上的墙体和楼板来抵抗阳台的倾覆力矩。挑梁压在墙中的长度应不小于 1.5 倍的挑出长度。为防止挑梁端部外露而影响美观，可在挑梁端头设置边梁，既可以遮挡挑梁头，又可以承受阳台栏杆重量。挑梁式阳台的构造见图 8-23。

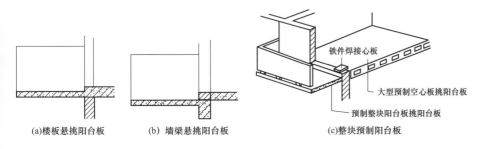

(a)楼板悬挑阳台板 　　(b)墙梁悬挑阳台板 　　(c)整块预制阳台板

图 8-22　挑板式阳台的构造

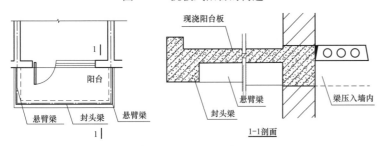

图 8-23　挑梁式阳台的构造

3. 阳台的细部构造

（1）阳台的栏杆和扶手。栏杆是在阳台外围设置的垂直构件，要求坚固美观。栏杆的高度应高于人体的重心，一般不宜低于 1.05m，高层建筑不应低于 1.1m，但不宜超过 1.2m。

栏杆形式有三种，即空花栏杆、实心栏板及部分空透的组合式栏杆。按材料不同，有金属栏杆、砖砌栏板、钢筋混凝土栏杆（板）等。扶手有金属和钢筋混凝土两种。钢筋混凝土扶手应用广泛，形式多样，一般直接用作栏杆压顶，宽度有 80、120、160mm。当扶手上需放置花盆时，需在外侧设保护栏杆，一般高 180～200mm，花台净宽为 240mm。栏杆及扶手构造见图 8-24，栏杆与阳台板连接见图 8-25。

（2）阳台的排水与保温。为防止雨水倒灌室内，阳台地面低于室内地面30mm 以上。阳台外排水是在阳台外侧设置水落管将水排出，水落管为 $\phi40$ 镀锌铁管或塑料管，外挑长度不少于 80mm，以防雨水溅到下层阳台。内排水在阳台内侧设置排水立管和地漏，将雨水直接排入地下管网（见图 8-26）。

栏杆的形式

行业发展趋势：
建筑工业化

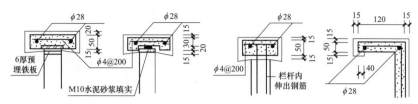

图 8-24   栏杆及扶手构造（单位：mm）

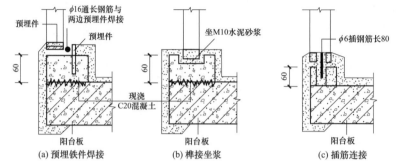

图 8-25   栏杆与阳台板连接（单位：mm）

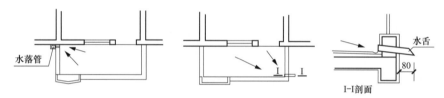

图 8-26   阳台的排水（单位：mm）

寒冷地区居住建筑宜采用封闭阳台，以阻挡冷风直灌室内。为通风排气，封闭阳台应有一定数量的可开启窗。栏杆做成实体式，高度可按窗台处理。阳台板的保温构造见图 8-27。

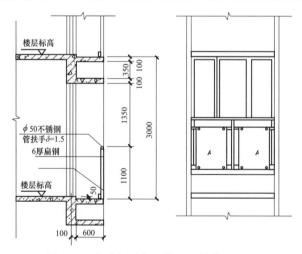

图 8-27   阳台板的保温构造（单位：mm）

二、雨篷

雨篷是建筑物入口处和顶层阳台上部用以遮挡雨水，保护外门免受雨水侵蚀的水平构件。较小的雨篷常为挑板式，雨篷梁兼作过梁，雨篷板悬挑长度一般为 700～1500mm。雨篷挑出长度较大时，一般做成挑梁式，为使底板平整，可将挑梁上翻。雨篷悬挑长度较大时，可采用立柱悬挑或者其他结构形式。雨篷构造见图 8-28。

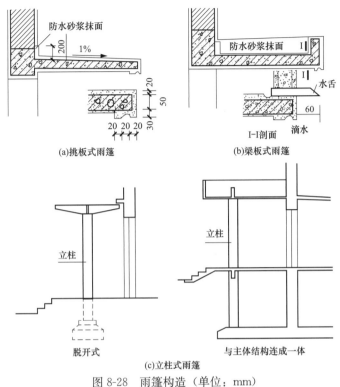

图 8-28　雨篷构造（单位：mm）

课 后 拓 展 学 习

建筑工业化技术，理解建筑行业发展趋势。

课 后 实 操 训 练

企业导师布置的工作任务。

教 学 评 价 与 检 测

评价依据：

（1）企业实习工作任务。

（2）理论测试题。

1）压型钢板组合楼板有何特点？构造要求如何？

2）简述现浇钢筋混凝土楼板的构造要点。

3）装配式钢筋混凝土楼板的结构布置原则有哪些？绘图表示板与板、板与墙和梁的连接构造。

4）装配整体式钢筋混凝土楼板有何特点？什么是叠合楼板？有何优点？

第九章 屋 顶

（一） 总体目标

通过本章学习，使学生了解屋顶的类型和设计要求，理解屋顶的组成及结构布置，掌握屋顶排水组织设计，掌握屋顶的构造层次及做法。通过引导学生领悟我国传统建筑的屋顶美，体会古代工匠精益求精的职业精神，树立坚定的文化自信；通过反面工程安全质量事故案例的警示教育，筑牢学生安全施工思想防线。

（二） 具体目标

1. 知识目标

（1） 了解民用建筑屋顶的类型、作用和要求。

（2） 理解平屋顶的组成、特点和排水方式。

（3） 掌握平屋顶排水组织设计。

（4） 掌握平屋顶的屋面防水及细部构造。

（5） 理解坡屋顶的组成及结构布置。

（6） 掌握屋顶的保温与隔热的构造措施。

2. 能力目标

（1） 能够根据工程特点进行屋面排水组织设计。

（2） 能够根据房屋要求进行屋面构造处理。

3. 素质目标

（1） 精益求精的职业精神。

（2） 树立坚定的文化自信。

（3） 筑牢安全施工思想防线。

（一） 重点

（1） 屋面排水组织设计。

（2） 屋面构造处理。

（二） 难点

（1） 屋面细部构造。

（2） 坡屋顶构造处理。

教 学 策 略

屋顶是房屋的重要组成部分，围护功能是屋顶构造设计的核心，本章的教学重点是屋面围护功能的实现，包括屋面排水、屋面防水、屋面保温与隔热等的设计和构造处理。本章可采取"正向陶染＋反向警示"的教学策略。正向陶染：通过组织学生参观所在地方古建筑或民族特色建筑的屋顶，体会地理环境、地域文化对屋顶形式及构造的影响，通过建筑屋顶之美正向陶染和感化学生，树立坚定的文化自信，提升教学的吸引力和感染力，引发学生对精益求精职业精神的共鸣。反向警示：通过反面工程安全质量事故案例的警示教育，防止外出参观学习可能令学生产生的娱乐化、随意化或倦怠感，并进一步筑牢学生安全施工思想防线。

本章采取"课前引导—课中教学互动—技能训练—课后拓展"的教学策略。

（一）课前引导

组织学生参观所在地方古建筑或民族特色建筑的屋顶。

（二）课中教学互动

课堂教学通过反面工程安全质量事故案例，使学生感受牢固掌握专业知识的重要意义，并筑牢学生安全施工思想防线。

（三）技能训练

屋面排水设计，知行合一，增加学生专业学习获得感。

（四）课后拓展

引导学生自主学习屋顶相关的前沿科技，拓宽专业视角。

教 学 设 计

（一）教学准备

1. 情感准备

通过组织学生参观所在地方古建筑或民族特色建筑的屋顶，体会地理环境、地域文化对屋顶形式及构造的影响，通过建筑屋顶之美正向陶染和感化学生，引发共鸣。教师详细了解学生参观情况，分析知识短板，使授课更具效率。

2. 知识准备

复习：以企业课堂学习总结对楼地层知识进行复习回顾。

预习：屋顶排水、防水、保温及隔热。

（二）教学架构

（三）实操训练

屋面排水组织设计（设计任务书见附录四）。

（四）思政教育

根据授课内容，本章主要在精益求精职业精神、坚定文化自信、筑牢安全施工思想防线三个方面开展思政教育。

（五）教学方法

翻转课堂、行走课堂、小组学习、互动讨论等。

（六）效果评价

建议采用注重学生全方位能力评价的集"自我评价＋团队评价＋课堂表现＋教师评价＋自我反馈评价"于一体的评价方法。同时引导学生理论实践相结合，通过解决工程实际问题自我肯定，激发学生学习的主观能动性。

（七）学时建议

8/48（本章建议学时/课程总学时48学时）。

教 学 过 程 及 内 容

（一）课前引导

1. 课前复习

以企业课堂学习总结对楼地层知识进行复习回顾。

2. 课前预习

通过组织学生参观所在地方古建筑或民族特色建筑的屋顶，预习屋顶排水、防水、保温及隔热。

3. 实训任务

屋面排水设计（设计任务书见附录四）。

（二）课程导入

学生谈参观所在地方古建筑或民族特色建筑屋顶的感受，由此导入新课。

第一节　概　　述

一、屋顶的作用、类型和设计要求

屋顶是房屋最上部的外围护构件，具有承重、围护和美观作用。

1. 屋顶形式

屋顶按其外形一般可分为平屋顶、坡屋顶及其他形式的屋顶。

（1）平屋顶。平屋顶易于协调统一建筑与结构的关系，节约材料，屋面可提供多种利用，如设露台屋顶花园、屋顶游泳池等。平屋顶也有一定的排水坡度，其排水坡度小于10%，最常用的排水坡度为2%～3%。

（2）坡屋顶。坡屋顶屋面坡度较陡，坡度一般在10%以上。坡屋顶在我国有着悠久的历史，广泛运用于民居等建筑，现代建筑也常采用坡屋顶。

（3）其他形式的屋顶。随着建筑科技的发展，出现了许多新型屋顶结构，

学生们畅谈参观的建筑，课程从传统建筑文化生命力和民族文化在建筑中的体现导入。

屋顶形式

哈尔滨大剧院异形双曲面外形设计

如拱屋顶、折板屋顶、薄壳屋顶、悬索屋顶等。这些屋顶形式独特，使建筑物的造型更加丰富多彩。

2. 屋顶的设计要求

屋顶设计应考虑其功能、结构、建筑艺术三方面的要求。

（1）功能要求。屋顶是建筑物的围护结构，应能抵御自然界风、霜、雨、雪的侵袭，防止雨水渗漏是屋顶的基本功能要求（见表 9-1），还应具有良好的保温隔热性能。

表 9-1　　　　　　　　　屋面防水等级和设防要求

防水等级	建筑类别	设防要求
Ⅰ 级	重要建筑和高层建筑	两道防水设防
Ⅱ 级	一般建筑	一道防水设防

（2）结构要求。屋顶要承受施工检修、设备和风、雨、雪等荷载及其自身重量，应有足够的强度和刚度，并防止因过大的结构变形引起防水层开裂、漏水。

（3）建筑艺术要求。屋顶是建筑外部形体的重要组成部分，屋顶的形式对建筑的造型极具影响，中国传统建筑的重要特征之一就是其变化多样的屋顶外形和装修精美的屋顶细部，现代建筑也应注重屋顶形式及其细部的设计，以满足人们对建筑艺术方面的需求。

二、屋顶的组成

屋顶由屋面、承重结构、保温（隔热）层和顶棚等部分组成，见图 9-1。

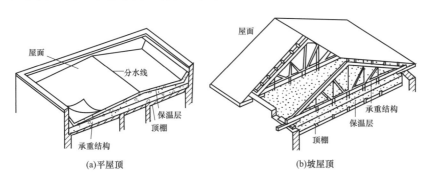

(a)平屋顶　　　　　(b)坡屋顶

图 9-1　屋顶的组成

屋顶承重结构可以是平面结构，也可以是空间结构。

保温层是严寒和寒冷地区为了防止冬季室内热量透过屋顶散失而设置的构造层。隔热层是炎热地区为了夏季隔绝太阳辐射热进入室内而设置的构造层。保温（隔热）层应采用导热系数小的材料，其位置在顶棚与承重结构之间或承重结构和面层之间。

顶棚是屋顶的底面。当承重结构采用梁板结构时，可以在梁、板的底面抹灰，形成抹灰顶棚。当承重结构为屋架或要求顶棚平齐（不允许梁外露）时，应从屋顶承重结构向下吊挂顶棚，称为吊顶。

技术规范

警钟长鸣：高乐机场 2E 候机厅屋顶坍塌。

第二节 屋面排水设计

为了迅速排除屋面雨水，需要进行周密的排水设计，包括确定排水坡度，选择屋面排水方式，进行屋面排水组织设计。

一、屋面排水坡度的选择

影响屋面坡度的因素有屋面防水材料、屋顶结构形式、地理气候条件、施工方法及建筑造型要求等。不同的屋面防水材料有其各自的适宜排水坡度范围。一般情况下，采用防水性能好、单块面积大、接缝少的屋面材料，如油毡、镀锌铁皮等屋面坡度可以小一些；采用黏土瓦、小青瓦等单块面积小、接缝多的屋面材料时，坡度就必须大一些。另外，如建筑中采用悬索结构、折板结构，结构形式也决定了屋面的坡度。

屋面坡度通常采用斜面的垂直高度与水平投影长度的比值来标定，如 1：2、1：5、1：10 等。较大的坡度有时也有用角度表示，如 30°、50° 等；较小的坡度则常用百分比表示，如 2%、5% 等。常用屋面坡度范围见图 9-2。

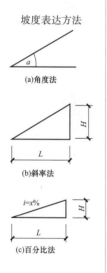

坡度表达方法

(a)角度法

(b)斜率法

(c)百分比法

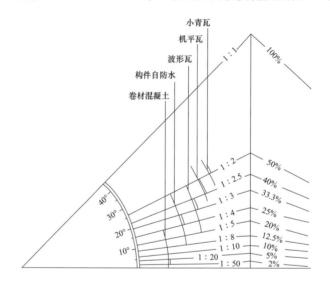

图 9-2 常用屋面坡度范围

屋面坡度主要由材料找坡和结构找坡两种做法。

材料找坡是在水平的屋面板上面利用材料层的厚度差别形成一定的坡度，见图 9-3（a）。找坡材料宜用炉渣、蛭石、膨胀珍珠岩等轻质材料，或这些轻质材料加适量水泥形成的轻质混凝土。在实际工程中，一般不另设找坡层，而是利用轻质保温层进行找坡，最薄处大于或等于 20mm，坡度宜为 2%。材料找坡的特点是室内平整，施工简单方便，但会增加材料用量和屋面自重，一般用于坡向长度较小的屋面。

结构找坡是支撑屋面板的墙或梁等结构构件设置一定坡度，屋面板铺设之后就形成相应的坡度，见图 9-3（b）。结构找坡不需另加找坡材料，省工省料，没有附加荷载，施工方便、造价低，但室内顶棚稍有倾斜。一般在单坡跨度大于 9m 的屋面宜做结构找坡，坡度不应小于 3％。

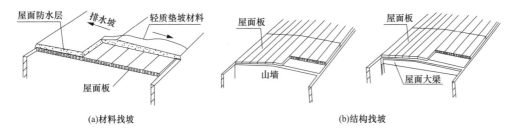

图 9-3 平屋面的坡度形成

二、屋面排水方式

屋面排水方式有无组织排水和有组织排水两大类。

1. 无组织排水

无组织排水又称自由落水，其排水组织形式是屋面雨水顺屋面坡度排至挑檐板处自由滴落。这种做法构造简单、经济，但雨水下落时对墙面和地面均有一定影响，常用于建筑标准较低的低层建筑或雨水较少的地区。

2. 有组织排水

屋面雨水顺坡汇集于檐沟或天沟，并在檐沟或天沟内填 0.5％～1％纵坡，使雨水集中至水落口，经水落管排至地面或地下排水管网时称为有组织排水。有组织排水有利于保护墙面和地面，消除屋面雨水对环境的影响，应用广泛。

一般民用和工业建筑均应采用有组织排水。若水落管置于室内，称为有组织内排水；反之，为有组织外排水。根据檐口的做法，有组织外排水（见图 9-4）又可分为挑檐沟外排水、女儿墙或内檐沟外排水两种。

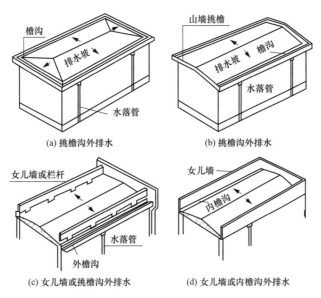

图 9-4 有组织外排水的形式

三、屋面排水组织设计

屋面排水组织设计就是把屋面划分成若干个排水区，将各区的雨水分别引向各水落管，使排水线路简捷，水落管负荷均匀，排水顺畅。为此，屋面需有适当的排水坡度，设置必要的天沟、水落管和水落口，并合理地确定这些排水装置的规格、数量和位置，最后将它们标绘在屋顶平面图上，这一系列的工作就是屋面排水组织设计，见图9-5。

屋面排水设计平面图
示例讲解

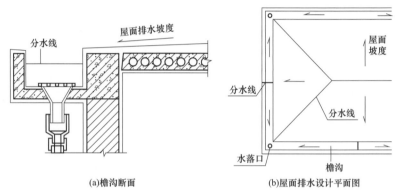

(a)檐沟断面　　　　　　(b)屋面排水设计平面图

图9-5　有组织排水设计

（1）划分排水分区。排水分区的大小一般按一个水落口负担200m² 屋面面积的雨水考虑，屋面面积按水平投影面积计算。

（2）确定排水坡面的数目。进深较小的房屋或临街建筑常采用单坡排水；进深较大时，为了不使水流的路线过长，宜采用双坡排水。

（3）确定天沟断面大小和天沟纵坡的坡度值。天沟大多采用钢筋混凝土天沟。矩形天沟净宽不应小于200mm，天沟纵坡最高处离天沟上口的距离不小于120mm，天沟纵向坡度取 0.5%～1%。

（4）水落管的规格及间距。水落管材料根据建筑物耐久等级进行选择，塑料和铸铁水落管较为常用，管径有 50、75、100、125、150、200mm 等规格。水落管的数量与水落口的数量相等，水落管的最大间距应予以控制。水落管的间距过大，会导致天沟纵坡过长，沟内垫坡材料加厚，使天沟的容积减小，大雨时雨水易溢向屋面引起渗漏或从檐沟外侧涌出，因而一般情况下水落口间距不宜超过 24m。

第三节　卷材防水屋面

卷材防水屋面是指将柔性的防水卷材或片材用胶结材料分层粘贴组成防水层的屋面，形成一个大面积的封闭防水覆盖层。这种防水层具有一定的延伸性，能适应温度变化而引起的屋面变形。

中国各地区传统民居屋顶防水做法各有不同，例如草屋顶。

一、材料

1. 卷材

（1）高聚物改性沥青防水卷材，以高分子聚合物改性沥青为涂盖层，聚酯毡、玻璃纤维毡或聚酯玻璃纤维复合为胎基，细砂、矿物粉料或塑料膜为隔离材料制成的防水卷材，如 SBS 改性沥青油毡、再生胶改性沥青聚酯油毡等。

（2）合成高分子防水卷材，以合成橡胶、合成树脂或两者共混为基料，加入适量的助剂和填料，经混炼、压延或挤出等工序加工而成的防水卷材，常用的有三元乙丙橡胶防水卷材、聚氯乙烯防水卷材、氯化聚乙烯防水卷材和改性再生胶防水卷材等。

2. 卷材黏结剂

用于高聚物改性沥青防水卷材和高分子防水卷材的黏结剂主要为与卷材配套使用的各种溶剂型胶黏剂。例如，适用于改性沥青类卷材的 RA-86 型氯丁胶黏结剂、SBS 改性沥青黏结剂等，三元乙丙橡胶卷材所用的聚氨酯底胶基层处理剂、CX-404 氯丁橡胶黏结剂，氯化聚乙烯橡胶卷材所用的 LYX-603 胶黏剂等。

二、卷材防水屋面构造

1. 构造组成

卷材防水屋面基本构造层次按其作用可分为基层、找平层、结合层、防水层、保护层。卷材屋面构造见图 9-6。

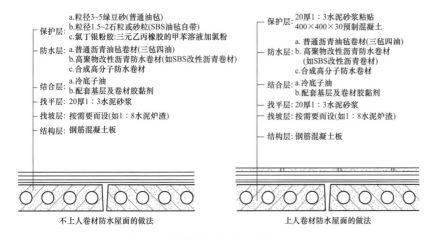

高聚物改性沥青油毡
防水卷材的施工

三元乙丙橡胶防水
卷材的施工

图 9-6 卷材屋面构造（单位：mm）

（1）基层。油毡防水层应铺设在平整，且具有一定整体性的基层上，一般应在结构层上或保温层上做 15～30mm 厚 1:3 水泥砂浆找平层。为防止找平层变形开裂而损坏防水层，宜在找平层上设分格缝。分格缝一般设置在屋面板易变形处，宽度一般为 20mm，为了有利于伸缩，缝处用油毡等盖缝。

（2）结合层。在卷材和基层间敷设一层胶质薄膜，使基层和卷材黏接牢固。通常都使用配套的基层处理剂做结合层。

（3）防水层。每道卷材防水层的厚度应符合《屋面工程技术规范》（GB 50345—2012）的规定。

（4）保护层。油毡防水层裸露在屋顶上，受温度、阳光及氧气等作用容易老化。为保护防水层、延缓卷材老化、增加使用年限，防水层表面需设保护层。当为非上人屋面时，可在最后一层防水层上趁热满粘一层 3～6mm 粒径的无棱石子，俗称绿豆砂保护层。上人屋面在防水层上面浇筑 30～40mm 厚细石混凝土，也可用 20mm 厚 1∶3 水泥砂浆贴地砖或混凝土预制板等，既为上屋顶活动提供面层，也起保护防水层作用。

表 9-2   每道卷材防水层最小厚度   单位：mm

防水等级	设防要求	合成高分子防水卷材	高聚物改性沥青防水卷材		
			聚酯胎、玻璃纤维胎、聚乙烯胎	自粘聚酯胎	自粘无胎
Ⅰ级	二道设防要求	1.2	3	2	1.5
Ⅱ级	一道设防要求	1.2	4	3	2.0

2. 细部构造

（1）檐口。一般有自由落水、挑檐沟外排水、女儿墙外排水、女儿墙内排水等形式。其构造处理关键是油毡在檐口处的收头处理和水落口处构造，见图 9-7。

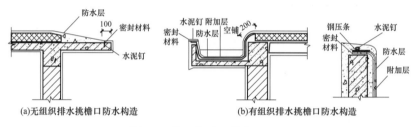

(a)无组织排水挑檐口防水构造   (b)有组织排水挑檐口防水构造

图 9-7   檐口构造（单位：mm）

（2）泛水。泛水主要指屋面防水层与垂直墙面交接处的防水构造处理，见图 9-8。泛水构造需注意三方面：①屋面与墙面相交处应用砂浆做成弧形，防止卷材直角折曲；②卷材在垂直墙面上的铺设方法也是水泥砂浆抹光加冷底子油；③防水卷材在墙上至少需上翻 250mm 高度，并做好油毡的收头处理。

精益求精，防患未然：
屋顶漏水的处理

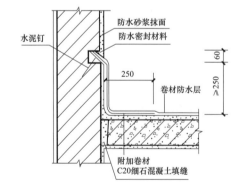

图 9-8   泛水构造（单位：mm）

（3）天沟。屋面上的排水沟称为天沟，有两种设置方式：一种是利用屋顶倾斜坡面的低洼部位做成三角形断面天沟，女儿墙外排水的民用建筑一般跨度不大，采用三角形天沟较为普遍。其做法是沿天沟长度方向用轻质材料垫成 0.5%～1% 的纵坡，使天沟内的雨水迅速排入水落口。另一种是用专门的钢筋混凝土槽形板做成矩形天沟。多雨地区或跨度大的房屋为了增加天沟的汇水量常采用断面为矩形的天沟。天沟处用专门的钢筋混凝土预制天沟板取代屋面板。天沟构造见图 9-9。

（4）水落口。水落口是用来将屋面雨水排至水落管而在檐口处或檐沟内开设的洞口。有组织排水的水落口可分为设在檐沟底部的水平水落口和设在女儿墙上的垂直水落口两种。水落口应该排水通畅，不易堵塞和不渗漏。水平水落口可以采用铸铁定型水斗或用钢板焊制的水斗，为防止堵塞应加铁箅子或镀锌铁丝罩。为了防渗漏，水落口处应该加铺一层卷材。垂直水落口采用钢板焊接的排水构件。所有水落口处的标高均应比檐沟底面的标高低，在水落口周围 500mm 范围内形成漏斗状以便于排水。水落口构造见图 9-10 和图 9-11。

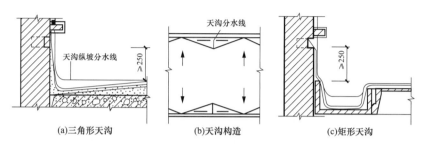

图 9-9 天沟构造（单位：mm）

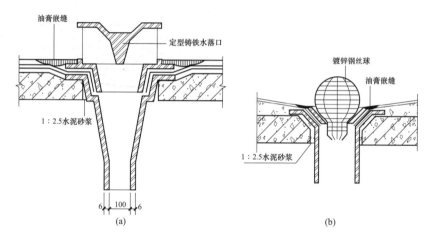

图 9-10 直管式水落口构造

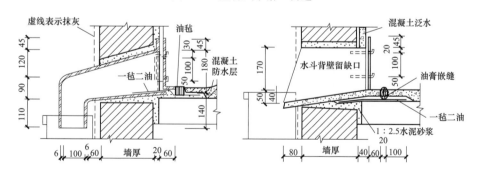

图 9-11 弯管式水落口构造（单位：mm）

（5）屋面变形缝。屋面变形缝的位置与缝宽应与墙体、楼地层的变形缝一致，构造处理原则是既不能影响屋面的变形，又要防止雨水从变形缝处渗入室内，见图 9-12。屋面变形缝按建筑设计可设于同层等高屋面上，也可设在高低屋面的交接处。

等高屋面变形缝的做法是在缝两边的屋面板上砌筑矮墙，以挡住屋面雨水。矮墙的高度不小于 250mm、半砖墙厚。屋面卷材防水层与矮墙面的连接处理类同于泛水构造，缝内嵌填沥青麻丝。矮墙顶部可用镀锌铁皮盖缝，也可铺一层卷材后用混凝土盖板压顶。

高低屋面变形缝则是在低侧屋面板上砌筑矮墙。当变形缝宽度较小时，可用镀锌铁皮盖缝并固定在高侧墙上，做法同泛水构造；也可以从高侧墙上悬挑钢筋混凝土板盖缝。

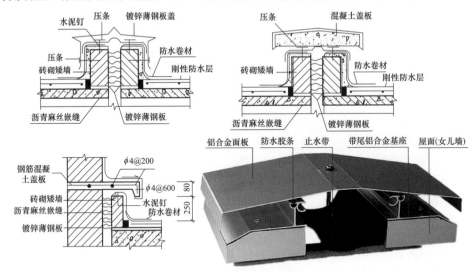

图 9-12　屋面变形缝构造（单位：mm）

（6）管道出屋面。房屋的下水立管或其他管道出屋面时，应将卷材卷起，卷起的高度不宜小于 250mm（见图 9-13 和图 9-14）。

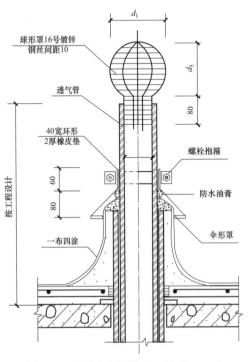

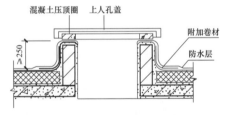

图 9-13　管道出屋面构造（单位：mm）　　　图 9-14　屋面检修口构造（单位：mm）

第四节　涂膜防水屋面

涂膜防水是将可塑性和黏结力较强的高分子防水涂料直接涂刷在屋面基层上，形成一层满铺的不透水薄膜层，以形成屋面的防水能力。涂膜材料由于具有防水性好、黏结力强、延伸性大和耐腐蚀、耐老化、无毒、冷作业、施工方便等优点，主要适用于防水等级为Ⅱ级的屋面防水，也可用作Ⅰ级屋面复合防水层中的一道防水。

一、材料

（1）涂料。防水涂料按其溶剂或稀释剂的类型可分为溶剂型、水溶型、乳液型等；按施工时涂料液化方法的不同则可分为热熔型、常温型等；按成膜的方式则有反应固化型、挥发固化型等；按主要成膜物质可分为高聚物改性沥青防水涂料、合成高分子防水涂料、聚合物水泥防水涂料等。

（2）胎体增强材料。某些防水材料需要与胎体增强材料配合，以增强涂层的贴附覆盖能力和抗变形能力，常用的胎体增强材料有聚酯无纺布、化纤无纺布。

二、涂膜防水屋面构造

1. 构造组成

涂膜防水屋面的基本构造层次（自下而上）按其作用可分为结构层、找平层、基层处理剂、涂膜防水层、保护层等（见图9-15）。

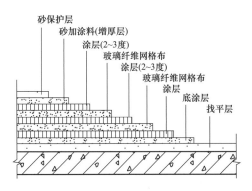

图 9-15　涂膜防水屋面的构造

砂保护层
砂加涂料(增厚层)
涂层(2~3度)
玻璃纤维网格布
涂层(2~3度)
玻璃纤维网格布
涂层
底涂层
找平层

（1）结构层。可用钢筋混凝土屋面板或者是各种构件式的轻型屋面，如钢丝网水泥瓦、预应力V形折板等。当采用预制钢筋混凝土板时，板缝顶棚层须用嵌缝材料嵌严，嵌缝油膏深度应大于20mm，下部用C20细石混凝土灌实。

（2）找平层。涂膜防水层对找平层的平整度要求严格，以保证涂膜防水层的厚度，为防止找平层开裂或强度不足引起防水层开裂，找平层宜采用掺膨胀剂的细石混凝土，强度等级不低于C20，厚度不小于30mm，宜为40mm。

（3）基层处理剂。基层处理剂是指在涂膜防水层施工前，预先涂刷在基层上的涂料。涂刷基层处理剂可以堵塞基层毛细孔，使基层的潮湿水蒸气不易向上渗透至防水层，减少防水层起鼓；增强基层与防水层的黏结力；将基层表面的尘土清洗干净，以便于黏结。

涂膜防水屋面基层处理剂的种类有三种：①稀释的涂料；②涂料薄涂；③掺配的溶液。

涂膜防水屋面施工要点

（4）涂膜防水层。选择防水涂料需考虑温度、变形、暴露程度等因素，在防水层厚度的选用上，需要根据屋面的防水等级、防水涂料的类型来确定。

（5）保护层。设置保护层可避免防水膜过早老化，提高其耐久性。不上人屋面的保护层采用同类的防水涂料为基料，加入适量的颜色或银粉作为着色保护涂料；也可以在防水涂料涂布完未干之前均匀撒上细黄沙或石英砂、云母粉之类的材料作保护层。上人屋面的保护层做法同卷材防水屋面。

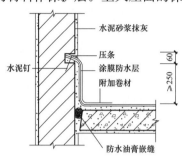

图 9-16　涂膜防水屋面的泛水构造（单位：mm）

2. 细部构造

涂膜防水屋面的细部构造与卷材防水屋面基本类同，涂膜防水屋面檐口、泛水等细部构造的涂膜收头，应采用防水涂料多遍涂刷，且细部节点部位的附加层通常采用带有胎体增强材料的附加涂膜防水层（见图 9-16）。

<h2 style="text-align:center">第五节　瓦　屋　面</h2>

我国传统坡屋顶建筑，主要依靠最上层的各种瓦相互搭接形成防水能力。其屋面构造分有檩体系和无檩体系。有檩体系构造由椽子、屋面板、油毡、顺水条、挂瓦条及平瓦等组成。无檩体系是在墙或屋架上搁置预制空心板或挂瓦板等，再用砂浆贴瓦或用挂瓦条挂瓦。

一、块瓦屋面

块瓦是由黏土、混凝土和树脂等材料制成的块状硬质屋面瓦材。块瓦可分为平瓦和小青瓦、筒瓦等。由于块瓦瓦片的尺寸较小，且瓦片相互搭接时搭接部位垫高较大，为了保证屋面的防水性能，块瓦屋面的坡度不应小于30%。

块瓦的固定应根据不同瓦材的特点采用挂、绑、钉、粘的不同方法固定。除了小青瓦和筒瓦需采用水泥砂浆卧瓦固定外，其他块瓦屋面应采用干挂铺瓦方式。其目的是施工安全方便，并可避免水泥砂浆卧瓦安装方式的缺陷，如易产生冷桥、污染瓦片、冬季砂浆收缩拉裂瓦片、黏结不牢引起脱落等。

干挂铺瓦主要有钢挂瓦条挂瓦和木挂瓦条挂瓦两种，木挂瓦条钉在顺水条上，顺水条用固定钉钉入钉层内；钢挂瓦条与钢顺水条应焊接连接，顺水条用固定钉钉入钉层内。持钉层可以为木板、人造板和细石混凝土，其厚度应满足固定钉在外力作用时的抗拔力要求。此外，挂瓦条下部也可不设顺水条，将挂瓦条和支承垫板直接钉在40mm厚配筋细石混凝土上。块瓦屋面构造见图9-17。

块瓦屋面还应做好檐沟、天沟、屋脊等部位的细部构造处理（见图9-18和图9-19）。

二、沥青瓦屋面

沥青瓦是以玻璃纤维为胎基，经渗涂石油沥青后，一面覆盖彩色矿物粒料，另一面撒以隔离材料制成的柔性瓦状屋面防水片材，又称为玻璃纤维胎沥

铺瓦要求：块瓦的排列、措接及下钉位置、数量和黏结应按各种瓦的施工要求进行。如平瓦的横向搭接（包括脊瓦的搭接）应顺年最大频率风向，平瓦的纵向搭接应按上瓦前端紧压下瓦尾端的方式排列，搭接长度和构造均应满足相应要求。

青瓦、油毡瓦、多彩沥青油毡瓦等。沥青瓦屋面质量轻、颜色多样、施工方便，在木或混凝土基层上均适用。油毡瓦屋面防水构造见图 9-20。

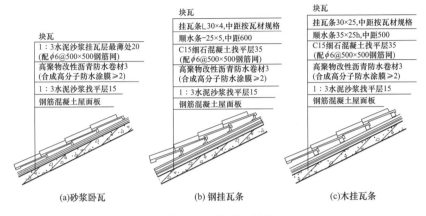

(a)砂浆卧瓦　　　　(b) 钢挂瓦条　　　　(c)木挂瓦条

图 9-17　块瓦屋面构造（单位：mm）

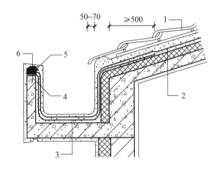

图 9-18　块瓦屋面檐沟细部构造
（单位：mm）

1—防水层（垫层）；2—附加层；3—密封材料；
4—水泥钉；5—金属压条；6—保护层

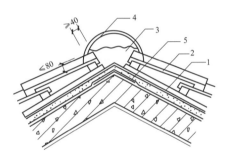

图 9-19　块瓦屋面屋脊细部构造
（单位：mm）

1—防水层（垫层）；2—块瓦；
3—聚合物水泥砂浆；4—脊瓦；5—附加层

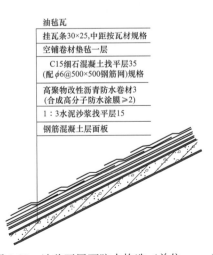

图 9-20　油毡瓦屋面防水构造（单位：mm）

沥青瓦屋面构造要点

彩色沥青瓦屋面
施工设计及节点
处理案例

第六节 金属板屋面

彩色金属瓦

金属板屋面是指采用压型金属板或金属面绝热夹芯板的建筑屋面，它由金属板与支承结构组成。其屋面坡度不宜小于 5％；拱形、球冠形屋面顶部的局部坡度可以小于 5％；积雪较大及腐蚀环境中的屋面不宜小于 8％。金属板屋面轻质高强，其自重通常只有 100N/㎡左右，比传统的钢筋混凝土屋面板轻得多；施工安装方便，速度快，不受季节气候影响；色彩丰富，美观耐用，因此在大跨度建筑中得到广泛使用。

一、金属板屋面的连接与接缝构造

工艺标准

金属板屋面具有良好的防水性能，但金属板与支承结构的连接和金属板之间接缝部位由于板材的伸缩变形、安装紧密程度等误差产生缝隙，易出现渗漏水现象。

金属板屋面的连接方式主要有咬口锁边连接和紧固件连接两种方式。紧固件连接是通过自攻螺钉相连，连接性能可靠，能较好地发挥板材的强度；但由于连接件暴露在室外，容易生锈而影响屋面的美观，以及密封胶的老化易导致屋面渗漏水等问题。咬口锁边连接是通过板与板、板与支架之间的相互咬合进行连接，由于连接件是隐蔽的，能较好地避免生锈和屋面渗漏水的现象。但咬口锁边连接的金属板屋面容易在风吸力作用下发生破坏。金属板屋面的接缝构造见图 9-21。

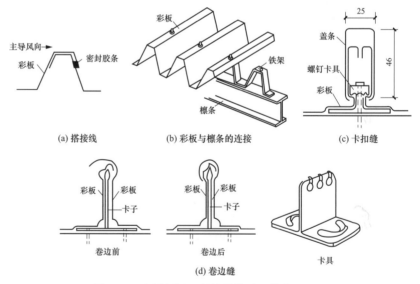

图 9-21 金属板屋面的接缝构造（单位：mm）

二、金属板屋面的细部构造

金属板屋面的细部构造设计比较复杂，不同类型、不同供应商的金属板屋面构造做法也不尽相同，一般均应对细部构造进行深化设计。金属板屋面系统的变形缝、檐口、檐沟、水落口、山墙、女儿墙、高低跨、屋脊等部位是金属板变形大、应力与变形集中、最易出现质量问题和发生渗漏的部位，是屋面整体质量的关键（见图 9-22）。

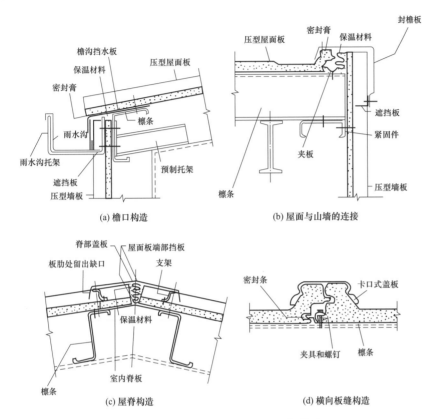

(a) 檐口构造

(b) 屋面与山墙的连接

(c) 屋脊构造

(d) 横向板缝构造

图 9-22　保温夹芯金属板屋面细部构造

第七节　屋顶保温与隔热

为保持建筑室内环境为人们提供舒适空间，避免外界自然环境的影响，建筑外围护构件必须具有良好的建筑热工性能。

一、屋顶的保温

保温屋顶按稳定传热原理来考虑热工问题，防止室内热损失的主要措施是提高屋顶的热阻，在屋顶构造层中设置实体保温层，屋顶结构层选用有较好保温性能的材料。在屋顶构造中增设实体保温层，构造简单、施工方便，经济效果好（见图 9-23 和图 9-24）。

（1）保温材料。保温材料应吸水率低、导热系数小，常用松散保温材料、整体保温层材料、板状保温材料。

（2）保温层构造。保温层厚度需由热工计算确定。保温层位置最常见的是在防水层和结构层之间设置保温层，施工方便，还可利用其进行屋面找坡；倒铺式保温屋面的防水效果和保温效果均较好；还可在结构层下设置保温层，如在吊顶上铺设保温层、在顶棚上贴保温板材等。

热量散失比例

标准图集

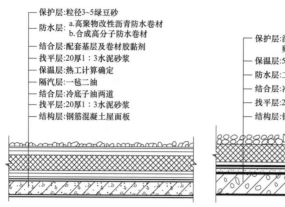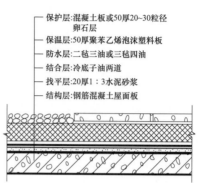

图 9-23　卷材防水屋面保温构造做法　　　图 9-24　倒铺式屋面保温构造做法
　　　　（单位：mm）　　　　　　　　　　　　　（单位：mm）

二、屋顶的隔热

屋顶隔热降温的基本原理是减少直接作用于屋顶表面的太阳辐射热量。其常用方法有屋顶通风隔热、屋顶蓄水隔热、屋顶植被隔热、屋顶反射阳光隔热等。

（1）屋顶通风隔热。在屋顶上设架空隔热板或构造层中设空气间层，形成通风层屋顶（见图 9-25）。

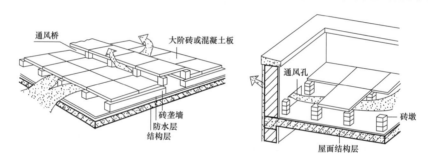

图 9-25　屋顶通风隔热

在屋顶下结合室内装修做吊平顶。吊平顶上形成坡屋顶夹层空间（阁楼），并尽可能使之有一定的通风，既可以保证阁楼空间干燥、保护屋顶木结构，也对隔热比较有利。必要时，还可以在吊平顶上铺设保温材料以提高保温隔热效果（见图 9-26）。

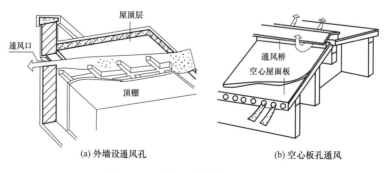

(a) 外墙设通风孔　　　　　　　(b) 空心板孔通风

图 9-26　顶棚通风隔热屋面（一）

(c) 檐口及山墙通风孔   (d) 外墙及山墙通风孔   (e) 顶棚及天窗通风孔

图 9-26 顶棚通风隔热屋面（二）

（2）铺设实体材料进行隔热处理。如铺设混凝土板或砾石屋面、蓄水屋顶、屋顶堆土植草等，见图 9-27 和图 9-28。

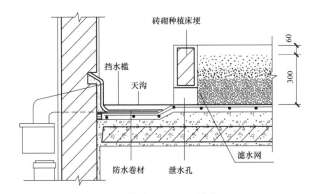

图 9-27 植草降温屋面（单位：mm）

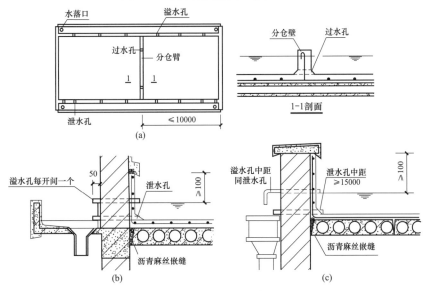

图 9-28 蓄水降温屋面（单位：mm）

在工程中还有采用屋面涂刷反光涂料或配套涂料、铺设反光卷材等方法形成反射隔热降温屋面的做法。

屋顶节能等技术。

课 后 实 操 训 练

屋面排水组织设计（设计任务书见附录四）。

教 学 评 价 与 检 测

评价依据：

（1）屋面排水组织设计。

（2）理论测试题。

1）屋顶有哪些类型？其作用是什么？

2）屋顶由哪些构造组成？

3）屋顶排水组织有哪些类型？各有什么优缺点？

4）卷材防水层施工时应注意哪些问题？画图表示卷材防水屋面的构造。

5）什么是刚性防水？其优缺点是什么？

6）提高涂膜防水层防水性能的措施有哪些？画图表示涂膜防水屋面的构造。

7）如何进行卷材防水屋面的檐口构造和山墙泛水处理？

8）提高屋顶保温、隔热性能的措施有哪些？

第十章 门 和 窗

教 学 目 标

（一） 总体目标

通过本章的学习，使学生了解门窗的形式和尺度、类型和构造要求；理解门窗的组成和基本构造原理；掌握门窗的安装及构造节点；熟悉门窗的节能设计。通过典型案例引发学生情感共鸣，培养学生关注消防、生命至上的理念；解读我国能源现状，使学生理解发展节能门窗的意义，培养学生的绿色节能意识。

（二） 具体目标

1. 知识目标

（1）了解门窗的作用、类型和构造要求。

（2）理解门窗的组成和基本构造原理。

（3）掌握门窗的安装及构造节点。

（4）熟悉门窗的节能设计。

2. 能力目标

（1）能够根据使用要求选用并进行门窗的安装及构造处理。

（2）能够结合工程实际选择门窗的节能方案。

3. 素质目标

（1）培养学生的消防安全意识。

（2）培养学生的绿色节能意识。

教 学 重 点 和 难 点

（一） 重点

（1）门窗的安装。

（2）门窗构造节点处理。

（二） 难点

门窗构造节点处理。

教 学 策 略

门窗是房屋的重要组成部分，除了基本功能之外，门是安全疏散核心构件之一，窗在建筑消防中也有重要作用。门窗属于房屋的围护结构，是热量传递的主要通道之一，对建筑节能影响较大。本章教学采取典型消防案例，引发学生情感共鸣，使学生深刻认识安全疏散的重要意义，培养学生的消防安全意识；同时结合国内外局势解读我国能源现状及能源安全，使学生深刻体会国家节约能源的重要举措，引发学生思想共鸣，培养学生的绿色节能意识。

本章采取"课前引导—课中教学互动—技能训练—课后拓展"的教学策略。

（一）课前引导

要求学生留意周遭建筑门窗，收集建筑相关时事热点，结合热点建筑消防安全事件和国际局势，引导学生先行分析门窗对于安全疏散及节能的重要意义，为课程学习进行知识准备和情绪铺垫。

（二）课中教学互动

课堂教学教师充分利用校内建筑门窗作为教学模型，使讲解生动形象近人；辅以建筑相关时事热点，采用热点导入法，使学生认识门窗对于建筑消防、建筑节能等的重要意义，引发学生共鸣，激发学生的消防安全意识和绿色节能意识。

（三）技能训练

利用绘图软件绘制门窗节点构造详图，培养学生熟练使用绘图软件绘制施工图的能力及识读施工图的能力。

（四）课后拓展

引导学生继续学习建筑节能技术，关注建筑节能技术的发展。

教 学 设 计

（一）教学准备

1. 情感准备

了解学生参观周遭建筑门窗的收获、对建筑相关时事热点的解读及态度。

辅以建筑相关时事热点进行情绪铺垫。

2. 知识准备

复习：通过学生屋面排水组织设计，复习屋顶知识要点。

预习：门窗构造。

（二）教学架构

门窗的组成和基本构造原理
门窗的安装及构造节点
门窗节能设计

专业培养　　思政教育

消防安全意识
绿色节能意识

（三）实操训练

利用绘图软件绘制门窗节点构造详图。

（四）思政教育

根据授课内容，本章主要在消防安全意识、绿色节能意识两个方面开展思政教育。

（五）教学方法

热点导入、启发教学、小组学习、互动讨论等。

（六）效果评价

建议采用注重学生全方位能力评价的集"自我评价＋团队评价＋课堂表现＋教师评价＋自我反馈评价"于一体的评价方法。同时引导学生自我纠错、自主成长并进行学习激励，激发学生学习的主观能动性。

（七）学时建议

2/48（本章建议学时/课程总学时 48 学时）。

教 学 过 程 及 内 容

（一）课前引导

1. 课前复习

通过点评屋面排水组织设计作业对屋顶知识进行复习回顾。

2. 课前预习

参观周遭建筑门窗，分析建筑相关（侧重消防、节能等）时事热点，引导学生分析门窗对于安全疏散及节能的重要意义。

（二）课程导入

采用热点导入法，结合《建筑设计防火规范（2018 年版）》（GB 50016－2014），导入新课。

第一节　门窗的类型和设计要求

一、门窗的类型

门窗按其制作的材料可分为木门窗、钢门窗、铝合金门窗、塑料门窗、彩板门窗等。

1. 窗的分类

（1）按照开启方法主要有固定窗、平开窗、推拉窗、悬窗、立转窗等形式（见图 10-1）。

（2）按镶嵌材料组成主要有玻璃窗、纱窗、百叶窗三类。

2. 门的分类

（1）按开启方法主要有平开门、弹簧门、推拉门、转门、卷帘门、折叠门等形式（见图 10-2）。

（2）按使用要求可分为普通门、百叶门、保温门、隔声门、防盗门、防火门等。

（3）按镶嵌材料组成主要有玻璃门、纱门、百叶门等。

二、门窗的设计要求

设计门窗时，必须根据有关规范和建筑的使用要求来决定其形式及尺寸大小，还需满足建筑造型需要，构造需坚固、耐久，开启灵活，关闭紧严，便于维修和清洁，规格类型应尽量统一，以降低成本和适应建筑工业化生产的需要。建筑门窗设计应满足以下要求：

警钟长鸣：2021年 8 月 27 日 16 时，辽宁大连凯旋国际大厦发生火灾。起火原因为电器故障引发火灾，火势在突破窗口后引燃 B 座外幕墙铝塑板和保温材料，造成火势蔓延扩大。

消防安全意识：《建筑设计防火规范（2018 年版）》（GB 50016—2014）。

国家规范：《建筑外门窗气密、水密、抗风压检测方法》（GB/T 7106—2019）：采用在标准状态下，气压差为10Pa时的单位开启缝长空气渗透量 q_1 和单位面积空气渗透量 q_2 作为分级指标，将建筑外门窗气密性能分8级，1级气密性最差，8级最好。

几类建筑采光系数标准值

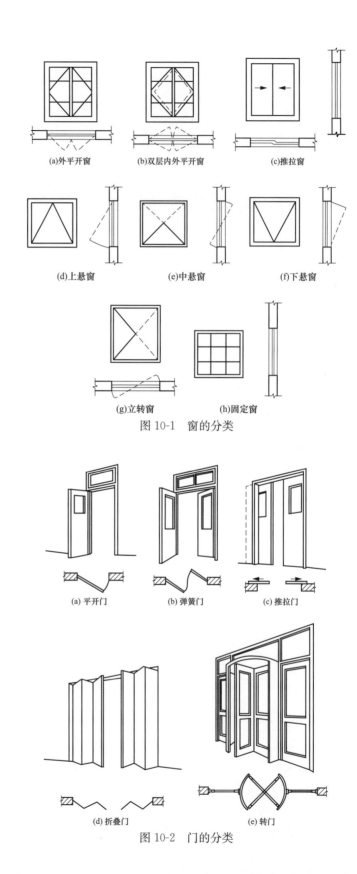

(a)外平开窗   (b)双层内外平开窗   (c)推拉窗

(d)上悬窗   (e)中悬窗   (f)下悬窗

(g)立转窗   (h)固定窗

图 10-1   窗的分类

(a) 平开门   (b) 弹簧门   (c) 推拉门

(d) 折叠门   (e) 转门

图 10-2   门的分类

1. 功能和疏散要求

不同的建筑功能，其门窗的设置位置、大小、数量都各不相同，要满足正常的功能使用和安全疏散的需要。对大量性人流，疏散门的开启方向也有专门规定，还应通过计算疏散宽度来设置门的数量和大小。

2. 门窗的基本性能要求

（1）窗户采光和通风要求。为获取良好的天然采光，保证房间足够的照度，外窗面积应根据房间功能来确定相应的窗地比，房间的采光还和外窗的高、宽比例，以及窗外有无固定遮阳设施和外窗本身的采光性能有关。自然通风是保证室内空气质量的最重要因素，在设计时，应保证外窗可开启面积，尽可能使房间空气对流。

（2）气密性、水密性和抗风压性能要求。门窗开启频繁，构件间缝隙较多，尤其是外门窗，如密闭不好则可能渗水和导致室外空气渗入。

（3）保温性能要求。外门窗是建筑围护结构主要的散热部位，改善门窗保温性能主要选择热阻大的材料和合理的门窗构造方式。根据建筑外门窗传热系数和玻璃门、外窗抗结露的能力将保温性能分为 10 级。1 级保温性能最差，10 级保温性能最好。

（4）空气声隔声性能要求。建筑门窗空气声隔声性能是指门窗阻隔声音通过空气传播的能力，通常用分贝（dB）来表示。

三、门窗的尺度

1. 门的尺度

门的尺度应考虑使用要求，主要考虑人的尺度和人流量，搬运家具、设备所需要的高度尺寸，以及有无特殊需要。若考虑美观及造型需要，可加高、加宽门的尺度。门的尺度应符合《建筑模数协调标准》（GB/T 50002－2013）的要求，一般民用建筑门的高度不宜小于 2100mm，单扇门的宽度为 700～1000mm，双扇门的宽度为 1200～1800mm，宽度在 2100mm 以上时，多做成三扇门。门洞口高度大于 2400mm 时，应设上亮窗。

2. 窗的尺度

窗的尺度主要取决于房间的采光、通风、构造做法和建筑造型等要求，并要符合《建筑模数协调标准》（GB/T 50002－2013）的规定。一般平开木窗的窗扇高度为 800～1200mm，宽度不宜大于 500mm；推拉窗高宽均不宜大于 1500mm。对一般民用建筑用窗的高度与宽度尺寸通常采用扩大模数 3M 数列作为洞口的标志尺寸。

第二节 木门窗构造

一、门窗组成

1. 门的组成

门主要由门框、门扇、亮子及五金零件组成（见图 10-3）。门框又称门樘，其主要作用是固定门扇和腰窗并与门洞间相联系。门扇按其所镶嵌的材料有玻璃扇，金属、塑料、木质等板扇，百页扇、纱扇等各种类型。此外，根据具体要求还可以增加贴脸、筒子板等装饰构件。

2. 窗的组成

窗主要由窗框、窗扇、五金及附件等组成（见图 10-4）。

二、门窗的安装

门窗框的安装根据施工方式分后塞口和先立口两种，见图 10-5。

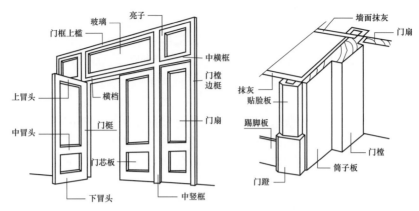

图 10-3 平开木门组成

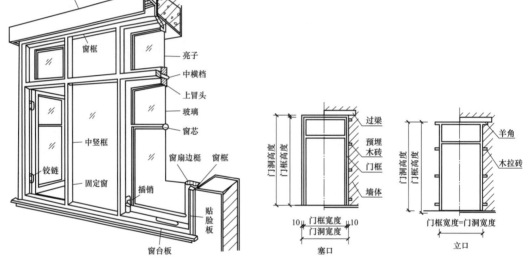

图 10-4 平开窗的组成和各部分名称　　　图 10-5 门窗框的安装（单位：mm）

（1）塞口（又称后塞口），是在墙砌好后再安装门窗框（见图 10-6）。洞口的宽度应比门窗框大 20～30mm，高度比框大 10～20mm。框两侧砖墙上每隔 500～600mm 预埋木砖或预留缺口，以便用圆钉或水泥砂浆将框固定。框与墙间的缝隙需用沥青麻丝嵌填（见图 10-7）。

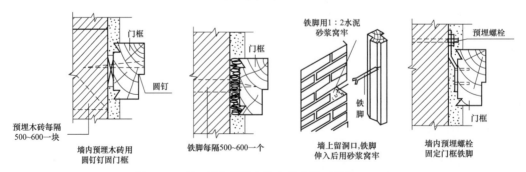

图 10-6 塞口门窗框的在墙上的安装（单位：mm）

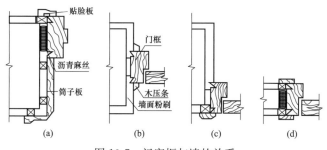

图 10-7　门窗框与墙的关系

（2）立口（又称立樘子），在砌墙前即用支撑先立门窗框然后砌墙。框与墙的结合紧密，但是立樘与砌墙工序交叉，施工不便，且框易变形。

三、门窗扇

1. 门扇

常用木门门扇有镶板门（包括玻璃门、纱门）和夹板门，见图 10-8 和图 10-9。

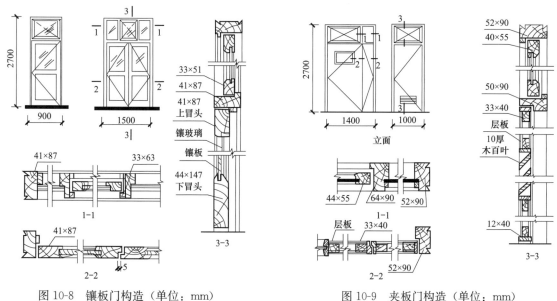

图 10-8　镶板门构造（单位：mm）　　　图 10-9　夹板门构造（单位：mm）

2. 窗扇

构造与门扇基本相同。

第三节　铝合金及彩板门窗

随着技术的进步，铝合金门窗、彩板门窗等以其用料省、质量轻、密闭性好、耐腐蚀、坚固耐用、色泽美观、维修费用低而得到广泛的应用。

一、铝合金门窗

1. 铝合金门窗的特点

（1）质量轻。铝合金门窗用料省、质量轻，每平方米耗用铝材平均只有 80～120N。

（2）性能好。气密性、水密性、隔声性、隔热性都较好。对防火、隔声、保温、隔热有特殊要求的建筑，以及多台风、多暴雨、多风沙地区的建筑中更适合用铝合金门窗。

（3）耐腐蚀、坚固耐用。铝合金门窗不需要涂刷涂料，氧化层不褪色、不脱落；铝合金门窗强度高，刚性好，坚固耐用，开闭轻便、灵活，无噪声，安装速度快。

（4）色泽美观。型材表面经过氯化着色处理后，或在铝材表面涂刷一层聚丙烯酸树脂保护装饰膜，可以制成各种柔和的颜色或带色的花纹，光洁美观、色泽牢固。

2. 铝合金门窗的设计要求

（1）根据使用和安全要求确定铝合金门窗的风压强度性能、雨水渗漏性能、空气渗透性能综合指标。

（2）组合门窗设计宜采用定型产品门窗作为组合单元。非定型产品的设计应考虑洞口最大尺寸和开启扇最大尺寸的选择和控制。

（3）外墙门窗的安装高度应有限制。必要时，还应进行风洞模型试验。

3. 铝合金门窗框料系列

铝合金门窗框料系列名称是以铝合金门窗框的厚度构造尺寸来区别各种铝合金门窗的称谓，如平开门门框厚度构造尺寸为50mm宽，即称为50系列铝合金平开门，推拉窗窗框厚度构造尺寸为90mm宽，即称为90系列铝合金推拉窗等。铝合金门窗设计通常采用定型产品，选用时应根据不同地区、不同气候、不同环境、不同建筑物的不同使用要求，选用不同的门窗框系列。

4. 常用铝合金门窗的构造

铝合金门窗安装时，将门窗框在抹灰前立于门窗洞处，与墙内预埋件对正，然后用木楔将三边固定。经检验确定门窗框水平、垂直、无翘曲后，用连接件将铝合金门窗框固定在墙（柱、梁）上，连接件固定可采用焊接、膨胀螺栓或射钉等方法。

门窗安装节点构造见图10-10～图10-12。

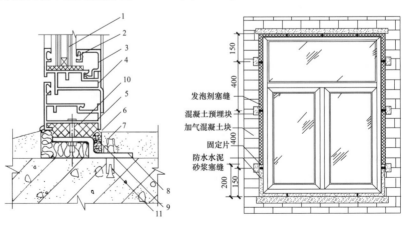

图 10-10　铝合金门窗安装节点构造（单位：mm）

1—玻璃；2—橡胶条；3—压条；4—内扇；5—外框；6—密封膏；7—砂浆；
8—地脚；9—软填料；10—塑料垫；11—膨胀螺栓

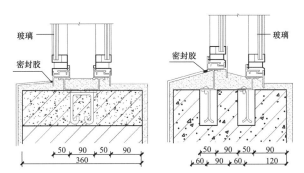

图 10-11 双层铝合金门窗安装节点构造（单位：mm）

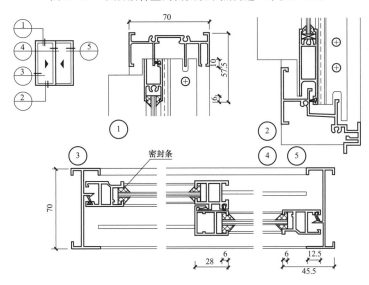

图 10-12 70 系列推拉门窗安装节点构造（单位：mm）

二、彩板门窗

彩板门窗是以彩色镀锌钢板经机械加工而成的门窗。它具有质量轻、硬度高、采光面积大、防尘、隔声、保温、密封性好、造型美观、色彩绚丽、耐腐蚀等特点。彩板门窗有两种类型，即带副框和不带副框（见图 10-13 和图 10-14）。当外墙面为花岗石、大理石等贴面材料时，常采用带副框的门窗。安装时，先用自攻螺钉将连接件固定在副框上，并用密封胶将洞口与副框及副框与窗樘之间的缝隙进行密封；当外墙装修为普通粉刷时，常用不带副框的做法，即直接用膨胀螺钉将门窗樘子固定在墙上。

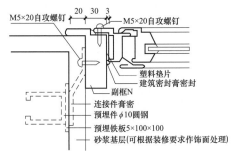

图 10-13 带副框彩板门窗安装节点构造（单位：mm）

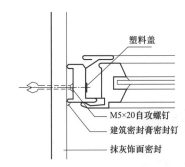

图 10-14 不带副框彩板门窗安装节点构造

第四节 塑 料 门 窗

塑料门窗是以改性硬质聚氯乙烯或其他树脂为主要原料，加一定比例的稳定剂、着色剂、填充剂、紫外线吸收剂等附加剂，经挤出机挤出成型为各种断面的中空异形材。一般在其内腔衬以型钢加强筋，具有强度好、耐冲击、保温隔热、密封性好等优点。

塑料门窗的安装采用预留洞口的方法，安装后洞口每侧有 5mm 的间隙，不得采用边安装边砌口或先安装后砌口的方法施工。常用连接件法、直接固定法和假框法，固定点距窗角 150mm，固定点间距不大于 600mm；塑钢门窗安装前，采用塑料膨胀螺钉连接时，先在墙体上的连接点处钻孔，孔内塞入塑料胀管。采用预埋件连接时，在墙体连接点处预埋钢板，窗台先钻孔。门窗框洞口间隙严禁用水泥砂浆作窗框与墙体之间的填塞材料，宜使用闭孔泡沫塑料、发泡聚苯乙烯、塑料发泡剂分层填塞，缝隙表面留 5～8mm 深的槽口嵌填密封材料。塑料门窗安装节点构造见图 10-15。

塑料门窗类型

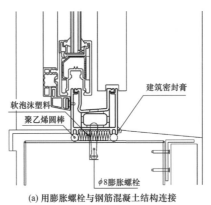

(a) 用膨胀螺栓与钢筋混凝土结构连接

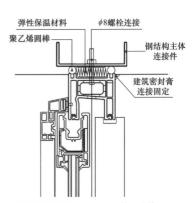

(b) 用螺栓与钢结构主体连接体连接

图 10-15 塑料门窗安装节点构造

第五节 门 窗 节 能 设 计

建筑外门窗是建筑保温的薄弱环节，其耗能占围护结构总能耗的 40％～50％，节能门窗是门窗设计中的重要课题。

一、门窗节能设计指标

在建筑设计中，应根据建筑所处地区的气候分区，恰当地选择门窗材料和构造方式，使建筑外门窗的热工性能符合该地区建筑节能设计标准的相关规定。

1. 窗墙比

窗墙比是窗户面积与窗户所在墙面积的比值。不同地区、不同朝向的太阳辐射强度和日照率不同，窗户所获得的热也不相同，因此，南向应大些，其他朝向窗墙比应小些。各地区节能设计标准对不同建筑功能和各朝向的窗墙比限值都有详细的规定。

世博中国馆：斗拱造型的中国国家馆被誉为"东方之冠"。夏季，顶层建筑可以为底层建筑遮阳，起到一定的降温作用。另外，应用了生态农业景观技术，能有效隔热，使建筑能耗降低 25％ 以上。世博中心设计遵循"3R"原则，大力增强建筑围护结构的保温性，减少热量损失。应用了自遮阳、太阳能采集、雨水收集等多项环保技术。

2. 传热系数

外门窗材料、构造方法不同，其传热系数也不同，应根据质量检查机构检测值采用。

3. 门窗综合遮阳系数

外窗遮阳效果是外窗本身遮阳与建筑外遮阳的共同作用。外窗的综合遮阳系数是窗本身的遮阳系数（SC）与窗口的建筑外遮阳系数（SD）的乘积。

断桥门窗

二、门窗保温节能措施

通过门窗所造成的热损失有两个途径：一个是门窗由于热传导、热辐射和热对流所造成；另一个是通过门窗各种缝隙的冷风渗透所造成。所以门窗节能应从这两方面采取措施。

1. 合理地缩小窗口面积

《民用建筑设计统一标准》（GB 50352—2019）明确规定了我国北方住宅建筑各朝向不得超过窗墙面积比。缩小面积意味着扩大墙面，而墙面的保温性能均比门窗好。

外框隔热条

2. 增强窗（门）面的保温性能

我国各采暖地区外窗性能在有关设计标准中均有具体规定。窗扇保温性能可以通过增加玻璃层数，采用特种玻璃，如中空玻璃、吸热玻璃、反射玻璃等措施达到。

3. 切断热桥

在寒冷地区木窗和塑料窗可以采用单层扇双层玻璃，断桥铝合金窗就是将单一材料的铝合金门窗用料，改用铝合金和尼龙等复合而成的型材，切断热桥作用。

内扇隔热条

4. 缩减缝长

窗（门）有大量缝隙易形成冷风渗透，采用大窗扇减少小扇，扩大单块玻璃面积，减少窗芯，合理地减少可开扇的面积，适当增加固定玻璃（或扇）面积，可缩减缝隙总长度。

5. 有效的密封和密闭措施

节能窗设计中必须采取缝隙密封措施，来保证节能效益。框与墙间的缝隙密封可用弹性松软材料（毛毡）、弹性密封材料（如聚乙烯泡沫材料）、密封膏及边框设灰口等。框与扇间的密封可用橡胶、橡塑或泡沫密封条及高低缝、回风槽等。框与扇间的密闭可用密闭条、高低缝及缝外压条等。扇与玻璃之间的密封可用密封膏、各种弹性压条等。

三、门窗遮阳节能措施

炎热地区的夏天，阳光直射室内产生眩光，且使室内温度升高，影响室内的正常生活和工作。遮阳可分为绿化遮阳和构造遮阳。绿化遮阳是利用房前树木和攀缘植物覆盖墙面形成的阴影区，遮挡窗前射来的阳光。绿化遮阳要求与建筑设计配合完成，是房屋竖向绿化设计的一部分，但不属于建筑构、配件。构造遮阳是加设专用的构件或配件，或调整原有建筑构、配件的位置和状态而取得遮阳效果。建筑遮阳应综合考虑和解决遮阳、通风、隔热和采光等各种需要。

国家规范

遮阳板的主要形式有水平式、垂直式、混合式和挡板式（见图 10-16），可以为活动的或固定的（见图 10-17）。活动式使用灵活，但构造复杂，成本高。固定式坚固耐久，采用较多。轻型遮阳构件规格见表 10-1。

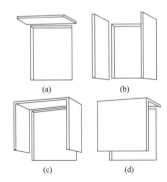

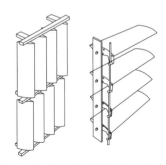

图 10-16   固定遮阳板的形式   图 10-17   活动轻型遮阳板的形式

表 10-1   轻型遮阳构件规格   mm

叶片形状	⬭					
高度（b）	200	250	300	350	400	450
高度（h）	45	51	56	60	63	66
叶片铝型材厚度	1.8					
叶片跨度宽度	叶片跨度与宽度根据各地风荷载确定					
表面处理及颜色	可作阳极氧化处理或聚酯粉末喷涂为各种 RAL 颜色					

四、门窗节能设计要求

1. 选择适宜的窗墙比

仅从节约建筑能耗方面来说，窗墙比越小越好，但窗墙比过小又会影响窗户的正常采光、通风和太阳能利用。因此，应根据建筑所处的气候分区、建筑类型、使用功能、门窗方位等选择适宜的窗墙比，达到既满足建筑造型的需要又能符合建筑节能的要求。

2. 加强门窗的保温隔热性能

改善门窗的保温性能主要是提高热阻，选用导热系数小的门窗框、玻璃材料，从门窗的制作、安装方面提高其气密性能。门窗的隔热性能在南方炎热地区尤其重要，提高隔热性能主要靠两个途径：一个是采用合理的建筑外遮阳、设计挑檐、遮阳板、活动遮阳板等措施；另一个是选择玻璃时，选用合适的遮蔽系数，也可以采用对太阳红外线反射能力强的热反射材料贴膜。

课 后 拓 展 学 习

（1）查询门窗的发展历程。
（2）对比不同类型门窗的性能和价格。

课 后 实 操 训 练

利用绘图软件绘制门窗节点构造详图。

教 学 评 价 与 检 测

评价依据：

（1）门窗节点构造详图。

（2）理论测试题。

1）简述木门窗的组成。

2）简述木门窗框的安装。

3）简述门窗节能的基本方法。

4）遮阳板的基本形式有哪些？如何进行门窗综合遮阳处理？

第十一章　工　业　建　筑

（一）　总体目标

通过本章的学习，使学生了解工业建筑的分类、任务与设计要求。通过回顾我国制造业从自力更生、白手起家，到制造业大国，正在迈向制造业强国的发展历程，剖析产生差距的深层次原因，激发学生艰苦奋斗的精神，克服畏难情绪，树立学好工业建筑的自信心，并树立为中华民族伟大复兴而奋斗的信念。

（二）　具体目标

1. 知识目标

（1）了解工业建筑的分类。

（2）了解工业建筑的设计任务与设计要求。

2. 能力目标

能够根据工业建筑的分类标准，准确划分工业建筑类别。

3. 素质目标

（1）以中国制造业发展的光辉成就增强学生民族自豪感。

（2）培养学生艰苦奋斗的精神。

（3）树立为中华民族伟大复兴而奋斗的信念。

（一）　重点

工业建筑的分类。

（二）　难点

工业建筑的分类。

本章是房屋建筑学工业建筑的概论，起着承前启后的重要作用，主要讲述工业建筑的特点、分类及设计要求。本章采取"课前参观（工业建筑认识实习）—课中对比教学—课后拓展"的教学策略。

（一） 课前参观

组织学生参观当地工业建筑，使学生了解工业建筑的特点、分类、构造组成等，帮助学生熟悉工业建筑，为课程学习进行知识储备。

（二） 课中对比教学

课堂教学教师采用对比教学法，通过对比工业建筑与民用建筑的异同，提升学习效果。

（三） 课后拓展

引导学生自主学习与工业建筑相关的其他专业知识，使学生进一步熟悉工业建筑，为进一步开展工业建筑课程学习的顺利进行提供保障。

教 学 设 计

（一） 教学准备

1. 情感准备

通过组织学生参观当地工业建筑，开展工业建筑认识实习，帮助学生克服畏难情绪，树立学好工业建筑的自信心。

2. 知识准备

复习："土木工程制图"中工业建筑施工图的相关内容。

预习：工业建筑的特点、分类及设计要求。

（二） 教学架构

（三） 思政教育

根据授课内容，本章主要在民族自豪感、艰苦奋斗的精神、为中华民族伟大复兴而奋斗的信念三个方面开展思政教育。

（四） 教学方法

热点导入、启发教学、对比教学、互动讨论等。

（五） 学时建议

1/48（本章建议学时/课程总学时 48 学时）。

教 学 过 程 及 内 容

（一） 课前引导

1. 课前复习

简要总结民用建筑知识要点。

成就举世瞩目，发展永不止步。我国已成为唯一拥有全部工业门类的国家。

走好艰苦奋斗
报国之路

2. 课前预习

工业建筑的特点、分类及设计要求。

（二）课程导入

以我国举世瞩目的成就导入新课。

第一节 概　　述

工业建筑是各种不同类型的工厂为工业生产需要而建造的各种不同用途的建筑物、构筑物的总称，也称工业厂房。

一、工业建筑的特点

工业厂房须满足生产工艺要求，能够布置和保护生产设备，创造良好的生产环境和劳动保护条件，保证产品质量，保护工人身体健康，提高劳动效率。

二、工业建筑的分类

现代工业企业由于生产工艺及任务的不同而种类繁多，通常将其分为如下几种类型：

1. 按厂房内部生产环境分类

（1）热加工厂房。在高温或熔化状态下进行生产的车间，这类车间生产中会产生大量热量及烟尘等有害物质，应注意解决厂房通风问题，如冶炼、锻造、铸造和轧钢等车间。

（2）冷加工厂房。在正常湿度和温度状况下生产的车间，如机械加工等车间。

（3）恒温恒湿厂房。在生产过程中需要保持稳定温度、湿度的车间，这类车间除应安装空调设备外，厂房围护结构需要具有较好的保湿、隔热效果，如纺织车间、精密仪器车间。

（4）洁净厂房。在无尘、无菌、无污染的洁净状态下进行生产的车间，如医药工业、食品工业等车间。

（5）有侵蚀性介质作用的厂房。主要指酸洗、制碱、电镀等厂房，这类厂房在选择建筑材料、构造处理时需要注意防腐问题。

2. 按厂房层数分类

（1）单层厂房，见图11-1。这类厂房主要适用于一些生产设备或振动比较大，原材料或产品比较重的机械、冶金等重工业厂房。其优点是内外设备布置及联系方便等，缺点是占地多、土地利用率低。单层厂房可以是单跨，也可以多跨联列。

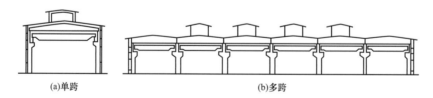

(a)单跨　　　　　　　　　　　　　(b)多跨

图 11-1　单层厂房

（2）多层厂房。这类厂房主要适用于垂直方向组织生产及工艺流程的生产车间，以及设备和产品均较轻的一些车间，如面粉加工、轻纺、电子、仪表等生产厂房。

（3）组合式厂房。同一厂房内既有多层也有单层，多用于电力和化工工业。

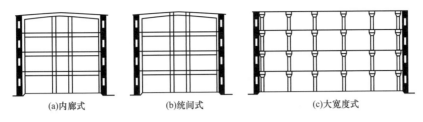

(a)内廊式　(b)统间式　(c)大宽度式

图 11-2　多层厂房

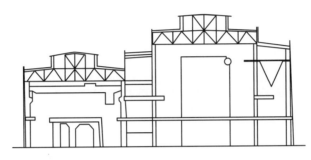

图 11-3　组合式厂房

3. 按厂房用途分类

(1) 主要生产厂房。是指在其中进行主要生产工序的厂房，在工厂生产中占主要地位。

(2) 辅助生产厂房。是指为主要生产厂房服务的各类厂房，如机修和工具等车间。

(3) 动力用厂房。是指为工厂提供能源和动力的各类厂房，如发电站、锅炉房等。

(4) 储藏类建筑。储存各种原料、半成品或成品的仓库，如材料库、成品库等。

(5) 运输工具用房。停放、检修各种运输工具的库房，如车库等。

第二节　工业建筑设计的任务及要求

一、工业建筑设计的任务

建筑设计人员根据设计任务书和生产工艺要求，设计厂房的平面形状、柱网尺寸、剖面形式、建筑体型，合理选择结构方案和围护结构类型，进行细部构造设计；协调建筑、结构、水、电、暖、通风等各工种；正确贯彻"适用、安全、经济、美观"的建设方针。

二、工业建筑设计的要求

(1) 满足生产工艺的要求。

(2) 满足建筑技术的要求。

(3) 满足建筑经济的要求。

1) 在不影响卫生、防火及室内环境要求的条件下，有时将若干个车间合并成联合厂房，对现代化连续生产极为有利。充分发挥联合厂房建设用地较少、外墙面积较小、管网线路相对集中的优势，使建筑经济性更加趋于合理。

2) 在满足生产要求的前提下，应尽量减小结构所占面积，扩大使用面积，并设法缩小建筑体积，充分利用建筑空间。

3) 建筑的层数是影响建筑经济性的重要因素，因此，应根据工艺要求、建筑技术经济条件等，合理选择厂房层数。

4）在不影响厂房的坚固、耐久、生产操作和施工速度的前提下，应尽量降低材料消耗，减轻构件自重，以降低建筑造价。

5）设计方案应优先采用先进配套的结构体系和工业化施工方法。

（4）满足卫生及安全要求。

1）应有与生产工艺相适应的天然采光，还应有良好的自然通风。

2）对散发有害气体、有害辐射和存在严重噪声的厂房，应采取净化、隔离、消声、隔声等措施，以减少或消除不必要的危害。

3）设法排除生产余热、废气及有害气体，以提供卫生的工作环境。

4）美化室内环境，注意厂房绿化及色彩处理，优化生产环境。

课 后 拓 展 学 习

自主学习工业建筑相关知识。

教 学 评 价 与 检 测

评价依据：理论测试题。

（1）什么是工业建筑？

（2）工业建筑如何分类？

（3）工业建筑设计的要求是什么？

第十二章 单层厂房设计

（一） 总体目标

通过本章的学习，使学生理解生产工艺、运输设备与平面设计的关系，掌握单层厂房平面设计的原则和方法，掌握单层厂房剖面设计的原则和方法，了解单层厂房使用功能对厂房立面的影响，以及单层厂房立面处理常采用的手法。通过向学生展示我国由制造大国向制造强国的转变，使学生体会推动我国由富起来到强起来的，是信仰坚定、胸怀全局、艰苦奋斗、勇于创新、精益求精、追求卓越、专注持久、甘于奉献的劳模工匠精神，激发学生向劳模学习，走好技能成才、技能报国之路。

（二） 具体目标

1. 知识目标

（1）了解影响单层厂房设计的影响因素。

（2）了解单层厂房平面设计与总图、生产工艺的关系。

（3）理解单层厂房使用功能对厂房设计的影响及设计原则。

（4）掌握单层厂房平面设计的一般原理及方法。

（5）掌握定位轴线划分的原则和方法。

（6）掌握单层厂房剖面设计的一般原理及方法。

（7）理解单层厂房的体量组合、立面设计及内部空间的处理。

2. 能力目标

（1）能进行单层厂房平面设计。

（2）能进行单层厂房剖面设计。

（3）能进行单层厂房体型及立面设计。

3. 素质目标

培养学生信仰坚定、胸怀全局、艰苦奋斗、勇于创新、精益求精、追求卓越、专注持久、甘于奉献的劳模工匠精神。

（一） 重点

（1）单层厂房平面形式、柱网选择。

（2）单层厂房高度的确定、体量组合、立面设计及内部空间的处理。

（3）纵横向定位轴线的标注。

（二）难点

纵横向定位轴线的标注。

教 学 策 略

本章讲述单层厂房设计。单层厂房多用于冶金、机械等重工业，与民用建筑相比，体量大、动荷载多、结构复杂、内容枯燥，学习难度较大。为此，本章教学要紧密结合工业建筑认识实习，采用形象生动、深入浅出的教学方式，激发学生学习兴趣；同时，通过向学生展示我国由制造大国向制造强国的转变，以及为强国而艰苦奋斗、无私奉献的劳动者，激发学生向劳模学习，走好技能成才、技能报国之路。

为取得良好的教学效果，采取"课前引导—课中教学互动—技能训练—课后拓展"的教学策略。

（一）课前引导

通过要求学生书写工业建筑认识实习报告，组织学生观看工业建筑视频，使学生熟悉单层厂房。

（二）课中教学互动

课堂教学教师采用视频、图片等形象生动、深入浅出的教学方式，辅以强国之路、劳模事迹，把专业学习和爱国激情有机结合，达到事半功倍的效果。

（三）技能训练

引导学生运用所学专业知识绘制单层厂房关键节点构造。

（四）课后拓展

引导学生自主学习与单层厂房相关的绿色节能环保知识，拓展学生专业能力。

教 学 设 计

（一）教学准备

1. 情感准备

帮助学生克服畏难情绪，鼓励学生，增强学习自信心。

2. 知识准备

复习：工业建筑设计的任务及要求。

预习：单层厂房设计的一般原理及方法。

3. 授课准备

学生分组，要求学生带问题进课堂。

4. 资源准备

授课课件、数字资源库等。

（二）教学架构

（三）实操训练

单层厂房设计。

（四）思政教育

本章主要在民族自豪感、劳模工匠精神和技能成才、技能报国的信念三个方面开展思政教育。

（五）效果评价

建议采用注重学生全方位能力评价的集"自我评价＋团队评价＋课堂表现＋教师评价＋自我反馈评价"于一体的评价方法。同时引导学生注重实事求是、知行合一，并进行学习激励，激发学生报国激情。

（六）教学方法

案例教学、启发教学、小组学习、互动讨论等。

（七）学时建议

4/48（本章建议学时/课程总学时48学时）。

教 学 过 程 及 内 容

（一）课前引导

1. 课前复习

复习回顾工业建筑设计的任务及要求。

2. 课前预习

结合工业建筑认识实习，预习单层厂房设计的一般原理及方法。

（二）课程导入

通过典型人物案例，以走好技能成才、技能报国之路，导入新课。

第一节　单层厂房组成

一、房屋的组成

房屋的组成是指单层厂房内部生产房间的组成。生产车间是工厂生产的基本管理单位，它一般由四个部分组成：

（1）生产工段，是加工产品的主体部分。

（2）辅助工段，是为生产工段服务的部分。

走好技能成才、技能报国之路。

全国劳动模范株洲九方装备股份有限公司立车班班长邹毅

走好艰苦奋斗报国之路。

建筑工地上的"钢铁侠"——2020年全国劳模、中建二局三公司华东分公司副总经理李纲

（3）库房部分，是存放原料、材料、半成品、成品的地方。

（4）行政办公生活用房。

每一幢厂房的组成应根据生产的性质、规模、总平面布置等因素来确定。

二、构件的组成

我国单层厂房结构多采用排架结构体系，常用的排架结构体系有钢筋混凝土排架结构和钢结构排架体系两种。

1. 钢筋混凝土排架结构构件组成

钢筋混凝土排架结构受力合理，设计灵活，施工方便，工业化程度高；用于跨度大、高度较高、吊车吨位大的厂房。构件包括承重结构、围护构件及其他附属构件（见图12-1）。

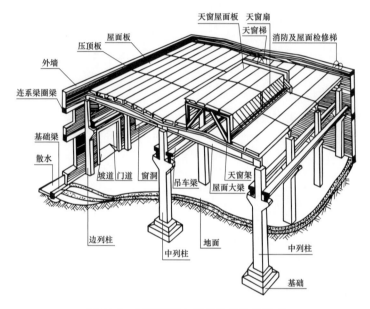

图 12-1　钢筋混凝土排架结构构件组成

承重结构包括：

（1）横向排架，由基础、柱、屋架（或屋面梁）组成。

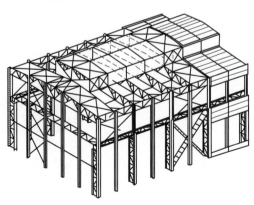

图 12-2　钢排架结构构件组成

（2）纵向连系构件，由基础梁、连系梁、圈梁、吊车梁等组成。它与横向排架构成骨架，保证厂房的整体性。

（3）支撑系统，包括屋架支撑系统和柱间支撑系统。

围护结构包括外墙、屋顶、地面、门窗、天窗等。

其他附属构件，如散水、吊车梯、室外消防梯、内部隔墙、作业梯、检修梯等。

2. 钢结构排架体系构件组成

单层钢结构排架体系构件组成（见图12-2）与钢筋混凝土排架结构相似，但其自重更轻、抗震性能好、施工速度快、工业化程度更高。重型钢结构排架主要用于跨度大、空间高、吊车吨位或振动荷载大的厂房，轻型钢结构排架主要用于轻型工业建筑和各种仓库，对于要求建设速度快、早投产、早受益的工业建筑，也常采用钢结构。钢结构易腐蚀、保护维修费用高，且防火性能差，故应采取必要的防护措施。

第二节　单层厂房平面设计

一、总平面布置对平面设计的影响

1. 厂区人流、货流组织对平面设计的影响

单层厂房平面设计应考虑工厂生产工艺流程的组织和货运的组织。厂房的出入口位置应方便原材料的运输，人流出入口或厂房生活间要靠近厂区人流主干道，方便职工上下班。尽量减少人流和货流的交叉和迂回，运行路线要通畅和短捷。

2. 地形的影响

地形对厂房平面形式有直接影响，尤其是山区建厂，为了节约投资，减少土石方量，只要工艺条件允许，厂房平面形式应根据地形条件做适当的调整，使之与地形相适应（见图 12-3）。

3. 气象条件的影响

气象条件对厂房朝向的影响因素主要有两个：一个是日照，另一个是风向（见图 12-4）。理想的朝向应该是夏季室内既不受阳光照射，又要易于进风，有良好的自然通风条件。

工厂总平面图案例

生产工艺流程是指某一产品的加工制作过程，即由原材料按生产要求的程序，通过生产设备及技术手段进行加工生产，制成半成品或成品的全部过程。

主要冷加工车间生产工艺

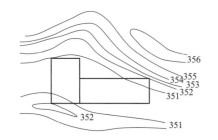

图 12-3　平面形式与地形相适应（单位：m）

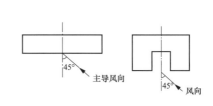

图 12-4　厂房方位与风向

某车间平面图案例

二、生产工艺对平面设计的影响

1. 生产工艺流程的影响

单层厂房里工艺流程基本上是通过水平生产运输来实现的。平面设计必须满足工艺流程及布置要求，使生产线路短捷、不交叉、少迂回，并具有变更布置的灵活性。

2. 生产状况的影响

不同性质的厂房，在生产操作时会出现不同的生产状况。平面设计时要充分考虑工业生产时会出现的各种状况，满足工业生产的要求。

3. 生产设备布置的影响

生产设备的大小和布置方式直接影响厂房的平面布局、跨度大小和跨间数，同时也影响大门尺寸和柱距尺寸等。

三、单层厂房常用的平面形式

确定单层厂房平面形式的因素主要有生产规模大小、生产性质、生产特征、工艺流程布置、交通运输方式及土建技术条件等（见图 12-5）。

平面形式比较

某车间平面图
定位轴线案例

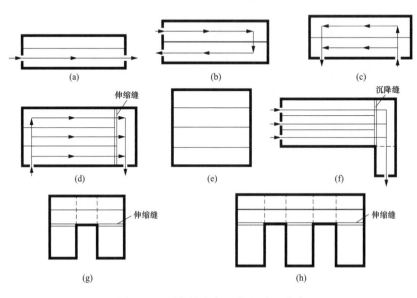

图 12-5　厂房的生产工艺和平面形式

（1）矩形平面。构件类型少，工段之间交通联系方便，管线简短，节约用地，节省外墙面积及门窗。其适用于冷加工车间、中小型热加工车间或恒温、恒湿车间。

（2）方形平面。除具备矩形平面特点外，节约围护结构周长约 25%，有利于抗震，应用广泛。

柱网尺寸与生产
设备布置

（3）L 形、T 形、M 形和山形平面。当生产工艺要求设置垂直跨、热加工车间或需进行某种隔离的车间时，可采用 L 形、T 形、M 形和山形平面。其特点是通风、排气、散热、除尘效果好，但纵横跨交接处的结构、构造复杂，抗震性差，外墙及管线较长，造价较高。这样的平面形式还必须考虑夏季主导风向应吹向开口的一面，且须控制主导风向与纵跨开口之间在 0°～45°范围内。

四、柱网选择

1. 柱网尺寸的确定

行车宽度与通道
宽度的关系

厂房承重结构柱子在平面上排列时所形成的网格就成为柱网。柱网的尺寸由柱距和跨度组成。纵向定位轴线间距称为跨度，横向定位轴线间距称为柱距。柱网尺寸是根据生产工艺的特征、综合建筑材料、结构形式、施工技术水平、基地状况、经济性，以及有利于建筑工业化等因素来确定。

（1）跨度尺寸的确定。综合考虑生产工艺中生产设备的大小及布置方式、车间内部通道宽度的要求，并满足《厂房建筑模数协调标准》（GB/T 50006—2010）的要求：当屋架跨度小于或等于 18m 时，采用扩大模数 30M 的数列；当屋架跨度大于 18m 时，采用扩大模数 60M 的数列；当工艺布置有明显优越性时，跨度尺寸也可采用 21、27、33m。

（2）柱距尺寸的确定。我国单层厂房基本柱距是 6m。相应的结构构件如基础梁、吊车梁、连系梁、屋面板、横向墙板等均已配套成型。柱距尺寸还受到材料的影响，当采用砖混结构的砖柱时，其柱距宜小于 4m，可为 3.9、3.6、3.3m 等（见图 12-6）。

2. 扩大柱网

采用扩大柱网可提高厂房面积的利用率，有利于大型设备的布置和产品的运输，适应生产工艺变更及生产设备更新的要求，减少构件数量，减少柱基土石方工程量，更具灵活性和通用性。常用扩大柱网尺寸（跨度×柱距）为 12m×12m、15m×12m、18m×12m、24m×12m、18m×18m、24m×24m 等。12m 柱距在工程中的应用有带托架和不带托架两种方案。在扩大柱网中还有正方形或趋近正方形柱网，常用尺寸为 12m×12m、18m×18m、24m×24m 等。

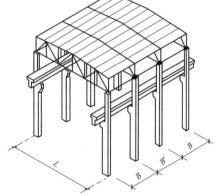

图 12-6　单层厂房柱网尺寸示意图
B—柱距；L—跨度

扩大柱网：不同跨度的金工装配车间方案比较案例

扩大柱网：不同柱距的设备布置

五、生活间

1. 生活间的组成

（1）生产卫生用室，如浴室、存衣室等。

（2）生活卫生用室，如休息室、吸烟室、厕所、女工卫生用室、小吃部、保健站等。

（3）行政办公室，如办公室、会议室、学习室、值班室、计划调度室等。

（4）生产辅助用室，如工具室、材料库、计量室等。

2. 生活间设计的原则

生活间设计应本着"有利生产、方便生活"的要求进行：有良好的朝向及采光和通风，应尽量安排在职工上下班的出、入口处；不应放在有粉尘、毒气和其他有害气体的下风向；尽量集中、男女分设；为节约用地和投资，尽量将几个车间的生活间合并设置。

3. 生活间的布置方式

（1）毗连式生活间（见图 12-7）。毗连式生活间是紧靠厂房外墙（山墙或纵墙）布置的生活间。它与车间距离短、联系方便，共用外墙，节省材料，充分利用空间，占地较省，对车间保温有利，易与总平面图人流路线协调一致，可避开厂区运输繁忙的不安全地带。但其影响车间的采光和通风，车间内部的振动、灰尘、余热、噪声、有害气体等对生活间干扰大。

行业标准：生活间按照《工业企业设计卫生标准》（GBZ 1—2010）执行。

生活间的位置应便于职工上下班；避免生产中产生的有害物质及高温的影响；尽量减少对厂房天然采光和自然通风的影响；有利于地面、地下及高空各种管线的布置，不妨碍厂房的扩建；生活间的造型及色彩应与厂房统一协调。

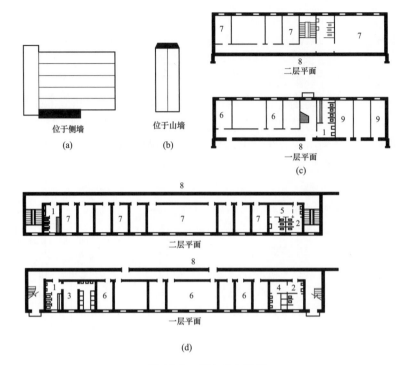

毗连式生活间
改进示例

图 12-7　毗连式生活间

1—男厕所；2—女厕所；3—男浴室；4—女浴室；5—女工卫生用室；
6—学习、休息、存衣室；7—办公室；8—厂房；9—生产用房

　　毗连式生活间和厂房的结构方案不同，荷载相差大，应设置沉降缝，处理方案有生活间高于厂房和生活间低于厂房两种（见图 12-8）。

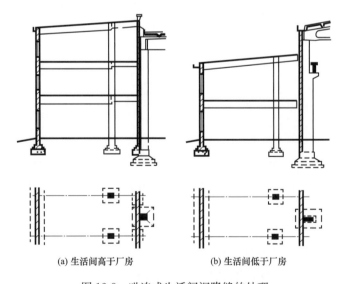

(a) 生活间高于厂房　　　　　　　(b) 生活间低于厂房

图 12-8　毗连式生活间沉降缝的处理

　　(2) 独立式生活间。独立式生活间是距厂房一定距离、分开布置的生活间。生活间和车间的采光、通风互不影响，生活间布置灵活，与车间的结构方

案互不影响，结构、构造容易处理；但造价较高，与车间联系不便，占地多。其适用于散发大量生产余热、有害气体及易燃易爆炸的车间。独立式生活间与车间的连接方式有走廊连接、天桥连接和地道连接三种（见图12-9）。

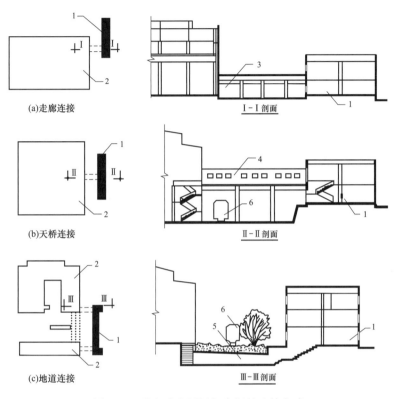

图 12-9　独立式生活间与车间的连接方式
1—生活间；2—车间；3—走廊；4—天桥；5—地道；6—火车

（3）内部式生活间。在生产状况允许的条件下，利用车间内部的空闲位置布置生活间。它具有使用方便、经济、节省面积的优点，但只能将部分生活间布置在车间内，位置也较分散，有时会影响车间的通用性和灵活性。其常用的形式有嵌入车间内的空余地段、悬挂在车间空间或夹层、半地下室或地下室等。

第三节　单层厂房剖面设计

厂房剖面设计的主要任务是确定厂房高度，选择厂房的剖面形式和处理厂房的采光、通风和排水问题。

一、厂房高度的确定

厂房高度是指室内地面（相对标高定为±0.000m）至柱顶（或倾斜屋盖最低点，或下沉式屋架下弦底面）的距离。确定厂房的高度必须根据生产使用要求及建筑统一化的要求，同时还应考虑空间的合理利用。

1. 柱顶标高的确定

（1）无吊车厂房。其柱顶标高按最大生产设备及其使用、安装、检修时所

内部式生活间布置形式

行业标准：《厂房建筑模数协调标准》（GB/T 50006—2010）。

根据《厂房建筑模数协调标准》的规定，柱顶标高 H 应为 300mm 的倍数；轨顶标高 H_1 常常取 6000mm 的倍数。

需净空高度确定；同时兼顾采光和通风，一般不低于 4m。根据《厂房建筑模数协调标准》（GB/T 50006—2010）的规定，应符合 300mm 的倍数。

（2）有吊车厂房。在有吊车的厂房中，不同的吊车对厂房高度的影响各不相同。对于采用梁式或桥式吊车的厂房（见图 12-10）：

多跨厂房，厂房高低不齐时：根据《厂房建筑模数协调标准》（GB/T 50006—2010）的规定：在采暖和不采暖的多跨厂房，当高差值等于或小于 1.2m 时不宜设高度差；在不采暖的厂房中，当高跨一侧仅有一个低跨，且高差值等于或小于 1.8m 时，也不宜设高度差。

某单层厂房高度调整方案优化案例

剖面空间的利用案例：工艺允许情况下利用地形，将各跨布置在不同标高地坪处。

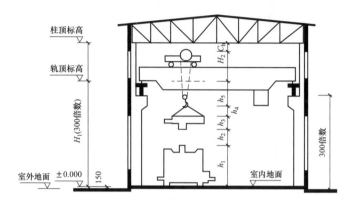

图 12-10　厂房高度的确定（单位：mm）

柱顶标高　　　　　$H = H_1 + H_2$

轨顶标高　　　　　$H_1 = h_1 + h_2 + h_3 + h_4 + h_5$

轨顶至柱顶高度　　$H_2 = h_6 + h_7$

式中　h_1——需跨越的最大设备高度；

　　　h_2——起吊物与跨越物间的安全距离，一般为 400～500mm；

　　　h_3——起吊的最大物件高度；

　　　h_4——吊索最小高度，由起吊物件的大小和起吊方式决定，一般大于 1m；

　　　h_5——吊钩至轨顶面的距离，由吊车规格表中查得；

　　　h_6——轨顶至吊车小车顶面的距离，由吊车规格表中查得；

　　　h_7——小车顶面至屋架下弦底面之间的安全距离，应考虑屋架的挠度、厂房可能不均匀沉降等因素，最小尺寸为 220mm，湿陷黄土地区一般不小于 300mm，如果屋架下弦悬挂有管线等其他设施，还需另加必要的尺寸。

2. 剖面空间的利用

在满足生产的前提下，利用厂房空间降低柱顶标高，可节省建筑造价。其方法有：利用两榀屋架之间的空间布置个别高大设备；也可降低局部地面标高，将某些大型设备或工件放在地坑里；还可在工艺允许的情况下利用地形，将各跨布置在不同标高地面处（见图 12-11）。

3. 室内外地面标高

单层厂房室内地面标高由厂区总平面设计确定，其相对标高为±0.000。为防止雨水流入室内，室外地面标高一般应低于室内地面标高 150mm，为通行方便，室外入口处应设置坡道，其坡度不宜过大。在山地建厂时，应结合地形，因地制宜。

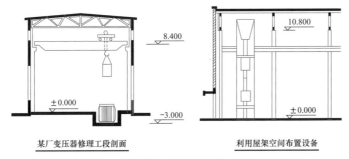

某厂变压器修理工段剖面　　　　　利用屋架空间布置设备

图 12-11　利用屋架之间的空间（单位：m）

二、天然采光

天然采光是指白天室内利用天然光线进行照明。天然光线质量好，不耗费电能，因此，单层厂房大多采用天然采光。但盲目加大窗面积也会带来很多害处，过大的窗面积会使夏季太阳的辐射热大量进入车间，冬季又因散热面过大而增加采暖费，同时也提高建筑造价。因此，必须根据生产性质对采光的不同要求进行采光设计，确定窗的大小，选择窗的形式，进行窗的布置，使室内获得良好的采光条件。

1. 天然采光的基本要求

（1）满足采光系数最低值的要求。光线的强弱是用照度来衡量的。照度表示单位面积上所接受的光通量的多少，单位用勒克斯（lx）表示。采光系数是指室内某一点的天然光照度（E_n）和同一时间的室外全云天水平面天然光照度（E_w）的比值，是采光设计中采光量的评价指标，即

$$C = \frac{E_n}{E_w} \times 100\%$$

式中　C——室内某一点的采光系数（%）；

　　　E_n——室内某点的照度（lx）；

　　　E_w——室外某点的照度（lx）。

（2）满足采光均匀度的要求。采光均匀度是工作面上采光系数最低值与平均值之比。工作面上各部分照度应接近，避免出现过于明亮或特别阴暗的地方，不要造成职工反复适应明暗变化而产生视力疲劳，影响职工操作及降低劳动生产率。采光标准规定：顶部采光时，I～IN级采光等级的采光均匀度不宜小于 0.7。为保证采光均匀度为 0.7，相邻两天窗中线间的距离不宜大于工作面至天窗下沿高度的 2 倍。

（3）避免在工作区产生眩光。视野内出现比周围环境突出明亮而刺眼的光称为眩光。它使人的眼睛感觉不舒适或无法适应，影响视力。

2. 采光天窗的形式

根据采光口所在的位置不同，有侧面采光、顶部采光（即天窗采光）及侧面和顶部相结合的混合采光。

单层厂房天然采光方式

生产车间和工作场所的采光等级举例

生产车间工作面上的采光系数最低值

窗地面积的规定

单层厂房的剖面形式

（1）侧面采光。利用在外墙上开侧窗进行采光的方式，具有光线方向性强，造价低的特点。当厂房跨度小时，可采用单侧采光，其深度约为侧窗口上沿至工作面高度的 2 倍。当厂房跨度较大时，应加大侧窗高度或采用双侧采光（见图 12-12）。

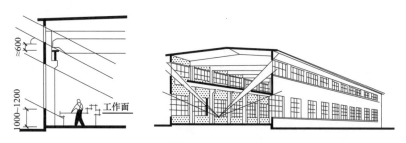

图 12-12　高低侧窗的布置（单位：mm）

（2）顶部采光。利用屋顶上的天窗（见图 12-13）进行采光，具有光线均匀、采光效率高的特点，但其构造复杂，造价较高。其适用于跨度较大的单跨厂房或多跨厂房中间跨的采光。

（3）混合采光。在侧面采光的同时加设顶部采光的方式。其适用于侧面采光有效深度不够或光线不足或侧窗不宜开得过大的厂房。

3. 采光面积的确定

厂房立面上的窗口一般是根据厂房的采光、通风及立面处理等因素综合考虑开设的。对于该厂房采光口面积需要多少或是否符合采光标准的要求，在初步设计阶段可采用窗地面积比的方法进行估算。

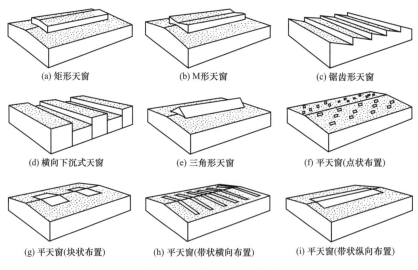

(a) 矩形天窗　　(b) M形天窗　　(c) 锯齿形天窗

(d) 横向下沉式天窗　　(e) 三角形天窗　　(f) 平天窗(点状布置)

(g) 平天窗(块状布置)　　(h) 平天窗(带状横向布置)　　(i) 平天窗(带状纵向布置)

图 12-13　采光天窗的类型

三、自然通风

1. 自然通风的基本原理

厂房的自然通风是利用空气的流动将室外的空气引入室内，将室内的空气和热量排除到室外。单层厂房是利用室内外温差造成的热压和风吹向建筑物而在不同表面上造成的压差来实现通风换气的。

（1）热压作用。由于厂房内部大量热量提高了室内空气温度，使空气体积膨胀，密度变小而自然上升；室外空气温度相对较低，密度较大，便由外围护结构下部的门窗洞口进入室内，加速了室内热空气的流动。新鲜空气不断进入室内，污浊空气不断排出，如此循环，达到通风的目的。这种利用室内外冷热空气产生的压力差进行通风的方式，称为热压通风（见图 12-14）。

热压值计算公式为

$$\Delta p = H \left(\rho_{\text{w}} - \rho_{\text{n}} \right)$$

式中　　Δp——热压（kg/m^2）；

H——进风口中心线至排风口中心线的垂直距离（m）；

ρ_{w}——室外空气密度（kg/m^3）；

ρ_{n}——室内空气密度（kg/m^3）。

该公式的物理意义是：热压值的大小与上下进、排风口中心线的垂直距离和室内外空气密度差成正比。所以，在无天窗的厂房中，应尽可能提高高侧窗的位置，降低低侧窗的位置，以增加进、排风口的高差。

（2）风压作用。当风吹向建筑物时，建筑物迎风面的空气压力增加，超过一个大气压，迎风面区域为正压区，用符号"＋"表示；当风越过建筑物迎风面时，根据单位时间流量相等的原理，则风速加大，使建筑物顶面、背面和侧面均形成小于一个大气压的负压区，用符号"－"表示。在建筑物中，正压区的洞口为进风口，负压区的洞口为排风口。这样使室内外空气进行交换。这种由于风而产生的空气压力差称为风压通风（见图 12-15）。

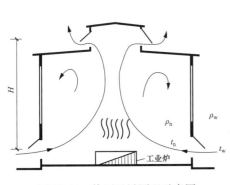

图 12-14　热压通风原理示意图

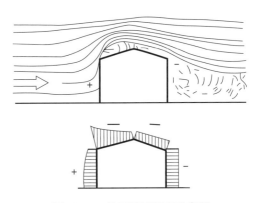

图 12-15　风压通风原理示意图

在厂房剖面设计中，应根据自然通风的热压和风压原理，正确布置进风口和排风口位置。设计应考虑各个风向都有进风口和排风口，合理组织气流，达到通风换气的目的。

2. 冷加工车间的自然通风

冷加工车间室内无大的热源，余热量较小，一般按采光要求设置门窗，其上有适当数量的开启扇和为交通运输设置的门就能满足车间内通风换气的要求，故在厂房剖面设计中，着重在天然采光的设计上。而对于自然通风的处理上应使厂房纵向垂直于夏季主导风向或不小于 45°倾角，并限制厂房宽度（当风吹进室内以后，压力会逐渐减小，最多能达到 50～60m 即消失）。在侧墙上设窗，在纵横贯通的端部或在横向贯通的侧墙上设置大门，以及室内少设或不设隔墙，使其有利于"穿堂风"的组织。为避免气流分散，影响穿堂风的流速，冷加工车间不宜设置通风天窗，但为了排除积聚在屋盖下部的热空气，可以设置通风屋脊。

3. 热加工车间的自然通风

热加工车间在生产时产生大量余热和有害气体，尤其要组织好自然通风。在厂房剖面设计中，应合理布置进、排风口的位置，尽可能增大进、排风口的中心线距离 H 值，并选择良好的通风天窗形式。

（1）进、排风口的布置。根据热压原理，热压值的大小与进、排风口的中心线距离 H 成正比。所以，热加工车间进风口布置得越低越好。南方炎热地区进风口低侧窗窗台标高，可以低于1m；北方寒冷地区热加工车间的低侧窗可分为上下两排，夏季将下排窗开启，上排窗关闭，冬季上排窗开启，下排窗关闭，避免冷风吹向人体。当设有天窗时，合理布置热源，当工艺条件允许时，热源可布置在夏季主导风向的下风侧，或将通风天窗布置在热源正上方（见图 12-16）。

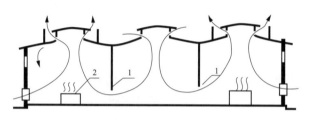

图 12-16　合理布置热源

（2）设开敞式外墙。开敞式外墙是指外墙上窗洞口处不设窗扇而用挡雨板代替。按开敞部位的不同，可分为全开敞式、上开敞式、下开敞式三种（见图 12-17）。全开敞式通风、散热、排烟快。下开敞式排风量大、稳定，可避免倒灌风的现象，但冬季冷空气会直接吹向工人。上开敞式冬季不会出现冷空气直接吹向人体的现象，但排风量小，如不设天窗，可能产生倒灌风。

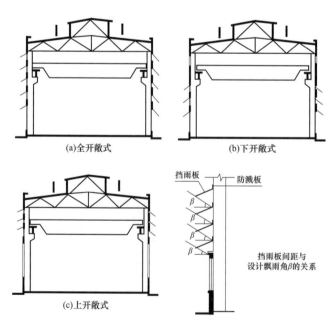

图 12-17　开敞式外墙

第四节　单层厂房定位轴线

厂房定位轴线是确定厂房主要承重构件位置的基准线，同时也是施工放线、设备安装定位的依据。通常与厂房横向排架平面相平行的轴线称为横向定位轴线，与横向排架平面相垂直的轴线称为纵向定位轴线。

一、横向定位轴线

横向定位轴线主要用来标注屋面板、吊车梁、外墙板、纵向支撑等纵向构件的标志尺寸及其与屋架（或屋面梁）的相互关系。

1. 中间柱与横向定位轴线的联系

屋架（或屋面梁）支承在柱子的中心线上，中间柱的横向定位轴线与柱中心线相重合，见图 12-18。横向定位轴线间的尺寸即为柱距，是厂房纵向构件的标志长度。

2. 横向伸缩缝、防震缝与横向定位轴线的联系

横向伸缩缝和防震缝处采用双柱双定位轴线，可使结构和构造简单。两条定位轴线间的尺寸为插入距 a_i，也为变形缝的宽度尺寸 a_e。两侧柱子分别向两侧内移 600mm，形成与横向边柱类似的定位轴线处理方法，这样处理能够保持定位轴线间的尺寸统一和各类纵向构件类型的统一，不增加附加构件，同时也能保证柱下分别设置的杯口基础相互不影响所需要的构造尺寸。

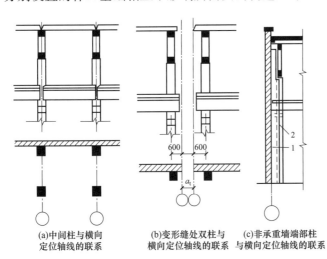

(a)中间柱与横向定位轴线的联系　　(b)变形缝处双柱与横向定位轴线的联系　　(c)非承重墙端部柱与横向定位轴线的联系

图 12-18　中间柱与横向定位轴线的定位（单位：mm）

3. 山墙与横向定位轴线的联系

当山墙为承重墙时，横向定位轴线自山墙内缘向墙内移墙体砌筑块材的半块或半块的倍数尺寸，使屋面板直接搁置于山墙上，其内移的尺寸即为屋面板的搁置长度。

当山墙为非承重墙时，横向定位轴线在山墙内缘线和抗风柱外缘线位置。柱网布置时，将横向边柱中心线向内移 600mm，使其实际柱距为 5400mm，但定位轴线间的尺寸与其他柱距一样仍为 6000mm。将定位轴线置于山墙内缘线、

行业标准：标志定位轴线时，应满足《厂房建筑模数协调标准》（GB/T 50006—2010）。减少构件的类型和规格，扩大构件预制装配化程度及在不同结构类型厂房中的通用互换性，提高厂房建筑的工业化水平。

单层厂房平面布置及定位轴线划分

不同生产厂家的产品其 K 值也会有所差异，而且 B 值也会随厂房结构情况而变。一般情况下：

吊车起重量 $Q < 300kN$ 时，$B \leqslant 260mm$，$K \geqslant 80mm$；

吊车起重量 $Q = 300 \sim 500kN$ 时，$B \leqslant 300mm$，$K \geqslant 80mm$；

吊车起重量 $Q \geqslant 750kN$ 时，$B \leqslant 350 \sim 400mm$，$K \geqslant 100mm$。

抗风桩外缘线位置，使屋面板与山墙处封闭，以简化结构布置，避免出现补充构件，也使吊车梁、墙板等纵向构件尺寸统一。横向边柱内移600mm，是由于山墙上设置的抗风柱必须升至屋架上弦或屋面大梁上翼处，使之连接能够传递水平荷载，此时屋面板、吊车梁等纵向构件处于悬挑600mm状态。实际工程中，抗风柱在屋架下弦处变截面，屋架中心线内移600mm，以能够保证抗风柱上升至屋架上弦所需要的空隙尺寸。

二、纵向定位轴线

纵向定位轴线主要用来标定厂房横向构件（如屋架、屋面梁）的标志端部，纵向定位轴线的标定与厂房内的吊车设置情况有关。吊车为工业定型产品，其跨度尺寸和厂房跨度尺寸通过 $L=L_k+2e$ 进行协调，其中 L 为厂房跨度；L_k 为吊车跨度（吊车轮距）；e 为吊车轨道中心线至定位轴线的距离。$e=h+K+B$，其中 h 为厂房上柱截面宽度；K 为安全缝隙宽度（上柱内缘至吊车桥架端部的缝隙宽度）；B 为桥梁端头长度。一般情况下 $e=750mm$，当吊车起重量大于500kN时，e 值可取1000mm，以保证吊车运行的安全要求。K 值必须满足厂房内所安装吊车的最小 K 值要求，K 和 B 的尺寸随吊车起重量的增加而逐步扩大。

1. 外墙、边柱与纵向定位轴线的关系

由于吊车起重量、柱距、跨度，以及是否有安全走道板等因素的影响，边柱外缘与纵向定位轴线的联系有下面两种情况：

（1）封闭式结合，见图12-19（a）。综合考虑吊车起重量、柱距、跨度，以及是否有安全走道板等因素，为保证吊车运行的安全要求，按照所安装吊车的最小 K 值要求计算 e，吊车的 $K+B$，采用定位轴线与柱外缘重合，使屋架上的屋面板与外墙内缘紧紧相靠，称为封闭式结合的纵向定位轴线。采用封闭式结合的屋面板可以全部采用标准板（如宽1.5m、长6m的屋面板），而无须设非标准的补充构件。例如，当吊车起重量小于或等于20t时，查现行吊车规格，得 $B\leqslant260mm$，$K\geqslant80mm$，通常上柱截面高度 $h=400mm$，$e=750mm$，则 $K=e-(h+B)=90mm$，能满足吊车运行所需安全距大于或等于80mm的要求。此时纵向定位轴线采用封闭式结合，轴线与边柱外缘重合。

（2）非封闭式结合，见图12-19（b）。当柱距大于或等于6m，吊车起重量及厂房跨度较大，由于 h、K、B 均可能

承重山墙与横向定位轴线的联系

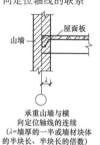

承重山墙与横向定位轴线的连续
（λ=墙厚的一半或墙材块体的半块长、半块长的倍数）

单层厂房横向变形缝

某厂房（封闭式结合）断面示例

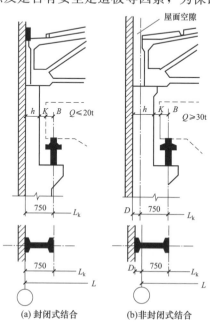

图12-19　外墙边柱与纵向定位轴线的联系（单位：mm）

增大，可能出现 $h+K+B>e$ 的情形时，需将边柱的外缘（外墙的内边缘）从纵向定位轴线向外移出一定"联系尺寸"a_c，使 $e+D≥B+h+K≥e$，保证结构的安全，这种纵向定位轴线称为"非封闭轴线"，适用于柱距大于或等于6m，吊车起重量 Q 为30t；或柱距较大及有特殊构造要求时，需设置"联系尺寸"，用 D 表示，规范规定 D 值应为300mm或其倍数，当墙体为砌体时，可采用50mm或其倍数。此时需加设补充构件，屋顶上部空隙处需做构造处理，通常加设补充构件。

2.中柱与纵向定位轴线的关系

在多跨厂房中，中柱有平行等高跨和平行不等高跨两种形式，中柱有设变形缝和不设变形缝两种情况。

（1）等高跨中柱与纵向定位轴线的联系（见图12-20）。一般设单柱和单纵向定位轴线，此轴线通过相邻两跨屋架的标志尺寸端部，并与上柱中心线相重合。但当相邻两跨或其中一跨所安装的吊车起重量大于或等于300kN及有其他构造要求需设插入距时，中柱可采用单柱双纵向定位轴线形式，上柱中心线宜与插入距中心线相重合。插入距尺寸应符合3M模数，此时 $a_i=2a_c$。

（2）不等高跨中柱与纵向定位轴线的联系（见图12-21）。无纵向伸缩变形缝时，把中柱看作高跨的边柱；对于低跨，为简化屋面构造，一般采用封闭式结合。由于高跨封墙下降等原因需设插入距时，应采用单柱双纵向定位轴线的形式，其插入距的尺寸分别为 $a_i=a_c$，$a_i=t$（t 为封墙宽度）或 $a_i=a_c+t$。

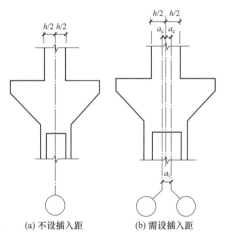

(a) 不设插入距　　(b) 需设插入距

图12-20　等高跨中柱设单柱（无纵向伸缩缝）与纵向定位轴线的联系

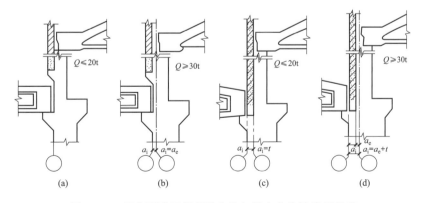

(a)　　　　(b)　　　　(c)　　　　(d)

图12-21　无变形缝不等高跨中柱与纵向定位轴线的联系

三、纵横跨相交处的定位轴线

在有纵横跨的厂房中，应在交接处设置伸缩缝、变形缝或防震缝，将两者

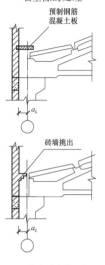

非封闭结合屋面板与墙空隙的处理

预制钢筋混凝土板

a_c

砖墙挑出

a_c

等高跨中柱示例

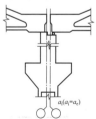

当等高跨厂房需设纵向伸缩缝时，也可采用单柱双纵向定位轴线的形式，伸缩缝一侧的屋架或屋架搁置在活动支座上，其插入距的尺寸为 $a_i=a_e$ 或 $a_i=a_e+a_c$。

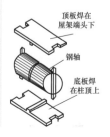

$a_i(a_i=a_e)$

顶板焊在屋架端头下

钢轴

底板焊在柱顶上

断开，使纵横跨在结构上各自独立，所以纵横跨分别有各自的柱列和定位轴线，纵横跨交接处一般设有各自的柱列和定位轴线（见图 12-22）。两轴线与柱的定位分别按山墙处柱横向定位轴线和边柱纵向定位轴线的方法确定。

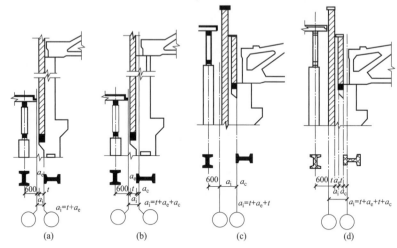

图 12-22　纵横跨交接处的定位轴线的划分（单位：mm）

（1）当山墙比侧墙低，且长度小于或等于侧墙时，采用双柱单墙处理，墙体支承于横跨。

（2）当山墙比侧墙短而高时，应采用双柱双墙（至少在低跨柱顶及其以上部分用双墙），并设置伸缩缝或防震缝。

第五节　单层厂房外部造型设计及内部空间处理

单层厂房的体型与生产工艺、平面形状、剖面形式和结构类型有密切关系，其立面设计及空间处理是在建筑体型的基础上进行的，除了遵循建筑功能和美学的一般规律外，还应充分反映出工业建筑所特有的形象特征。

一、外部造型设计

单层厂房外部造型设计受许多因素的影响，要创造合理而富有个性的工业建筑形象，就应把握工业建筑造型的自身规律，主要有以下三个方面：

1. 功能特征

工业建筑造型是由内部的生产工艺决定的，在构成上，单层厂房的外立面一般呈规则式组合，如等高、等跨、相同的开窗等，很少有复杂的进退变化，体现出较强的秩序感和逻辑性；工业建筑所特有的构件和附属体，如天窗、大尺度的门、烟囱、水塔、各种传输管道、暴露的检修梯等成为立面变化的地方，识别性强，在立面设计中应充分利用这些元素，运用建筑美学的构图法则，创造富有个性的建筑形象。

2. 结构造型

根据生产要求，大跨度、大空间成为单层厂房的基本特征。随着结构技术的不断发展，新的结构形式层出不穷，合理运用结构手法来创造建筑形象，充

体型及立面设计要体现功能特征：唐山渤海冶金重工业单层厂房外立面采用水平布置的墙板、有规律相间布置的条形窗等，墙面和侧窗形成明显的虚实对比，入口门套处理简洁，与整个建筑立面的风格协调一致。整个立面处理给人以朴素、大方、简洁的感受。

单层厂房新的立面形式层出不穷：苏高新南大创新园单层机械厂房的外围结构，给人以明快、活泼的感受。

苏高新南大创新园，单体造型设计应与群体建筑形象相呼应。

分体现力学之美、结构逻辑之美，开拓了工业建筑造型的新领域。

3. 群体组合

单层厂房往往是工业建筑群中的主要建筑，其单体造型设计应与群体建筑形象相呼应：结合功能分区，有机组织空间序列，突出主要建筑形象，以此来组织整体空间的构图；结合城市景观、自然景观，丰富空间层次。

二、内部空间处理

影响内部空间处理的因素有以下几个方面：

（1）使用功能。厂房内部空间应满足生产要求，同时也应考虑空间的艺术处理。

（2）空间利用。利用柱间、墙边、门边、平台下等工艺不便利用的空间来布置生活设施，可利用空间，降低造价。

（3）设备管道。有条不紊地组织排列设备管道，不但方便使用，而且便于管理和维修，其布置和色彩处理得当，会增加室内艺术效果。

（4）室内绿化。室内采用水平或垂直绿化，改善工作环境、减少工人疲劳，提高劳动生产效益。建筑中墙面、地面、天棚色彩根据车间性质、用途、气候条件等因素确定。

目前，工业建筑上对色彩的运用，主要有以下几个方面：

（1）红色。用以表示电器、火灾的危险标志；禁止通行的通道和门；防火消防设备、高压电的室内电裸线、电器开关起动机件、防火墙上的分隔门。

（2）橙色。用以表示危险标志。用于高速转动的设备、机械、车辆、电器开关柜门；也用于有毒物品及放射性物品的标志。

（3）黄色。用以表示警告的标志。用于车间吊车、吊钩、户外大型起重运输设备、翻斗车、推土机、挖掘机、电瓶车。使用中常涂刷黄色与白色、黄色与黑色相间的条纹，提示人们避免碰撞。

（4）绿色。是安全标志。常用于洁净车间的安全出入口的指示灯。

（5）蓝色。多用于上下水道、冷藏库门，也可用于压缩空气的管道。

（6）白色。是界线的标志，用于地面分界线。

课 后 拓 展 学 习

单层厂房绿色节能环保知识。

课 后 实 操 训 练

绘制单层工业厂房关键节点构造。

教 学 评 价 与 检 测

评价依据：

（1）单层工业厂房设计。

（2）理论测试题。

1）单层工业厂房的结构体系有哪几种？

2）如何进行单层厂房平面设计？

3）单层厂房的高度如何确定？

4）如何确定单层厂房结构定位轴线？

第十三章　多层厂房设计

教　学　目　标

（一）总体目标

通过本章的学习，使学生了解多层厂房的特点、适用范围及结构类型。理解多层厂房生产工艺与平、剖面设计的关系，柱网的选择，层数、层高的确定，交通枢纽的布置及立面设计的常用手法等。通过解读多层厂房的迅速发展，伴以国际时事政治及典型案例，向学生展示我国科教兴国战略的重要意义，使学生体会中华民族伟大复兴之路，树立读书报国、科技强国的理想信念，激发学生不畏困难、报效祖国的精神。

（二）具体目标

1. 知识目标

（1）了解多层厂房的主要特点。

（2）理解多层厂房生产工艺与平、剖面设计的关系。

（3）理解层数、层高的确定。

（4）理解交通枢纽的布置及立面设计的常用手法。

2. 能力目标

（1）能够根据生产工艺等进行多层厂房柱网选择。

（2）能够进行多层工业厂房建筑设计。

3. 素质目标

理解我国科技强国发展战略，树立读书报国、科技强国的理想信念，激发学生不畏困难、报效祖国的精神。

教　学　重　点　和　难　点

（一）重点

（1）生产工艺与平、剖面设计的关系。

（2）柱网的选择。

（3）层数、层高的确定。

（4）交通枢纽的布置。

（二）难点

（1）柱网的选择。

（2）层数、层高的确定。

教 学 策 略

多层厂房多用于电子工业、食品工业、化学工业、精密仪器工业等轻工业，建造在城市中的多层厂房，能满足城市规划布局的要求，可丰富城市景观，节约用地面积。这类厂房生产设备较轻、体积较小，工厂的大型机床一般放在底层，小型设备放在楼层上，厂房内部的垂直运输以电梯为主，水平运输以电瓶车为主。生产工艺流程的布置是多层厂房设计的主要依据。本章教学以工业建筑认识实习为介入点，采用形象生动、深入浅出的教学方式，激发学生对多层工业厂房的学习兴趣。通过解读多层建筑的迅速发展，辅以国际时事政治及典型案例，向学生展示我国科教兴国战略的重要意义，使学生体会中华民族伟大复兴之路，树立读书报国、科技强国的理想信念，激发学生不畏困难、报效祖国的精神。为取得良好的教学效果，采取"课前认识实习—课中教学互动—技能训练—课后拓展"的教学策略。

（一）课前认识实习
通过工业建筑认识实习，或组织学生观看工业建筑视频，使学生熟悉多层厂房。

（二）课中教学互动
教师通过解读多层厂房的迅速发展，辅以国际时事政治及典型案例，使学生理解我国科教兴国的战略，把专业学习和爱国激情有机结合，激发学生不畏困难、报效祖国的信念。

（三）技能训练
通过多层厂房构造设计，知行合一，培育学生实践能力。

（四）课后拓展
引导学生自主学习与多层厂房相关的绿色节能环保知识，拓展学生专业能力。

教 学 设 计

（一）教学准备

1. 情感准备

详细了解学生参观多层厂房的收获、对相关时事热点的解读及态度，使授课有的放矢。

2. 知识准备

复习：通过讲评学生作业进行单层厂房设计知识要点的复习。

预习：通过参观或视频预习多层厂房设计的内容。

3. 资源准备

授课课件、数字资源库等。

（二）教学架构

多层厂房生产工艺与设计关系　多层厂房柱网的选择　多层厂房层数、层高的确定　多层厂房交通枢纽的布置　专业培养　思政教育　不畏困难、报效祖国的精神

（三）思政教育

通过解读多层厂房的迅速发展，辅以国际时事政治及典型案例，使学生理解我国科教兴国的战略，把专业学习和爱国激情有机结合，激发学生不畏困难、报效祖国的信念。

（四）效果评价

采用注重学生全方位能力评价的"五位一体评价法"，即自我评价（20%）＋团队评价（20%）＋课堂表现（20%）＋教师评价（20%）＋自我反馈（20%）评价法。同时引导学生自我纠错、自主成长并进行学习激励，激发学生学习的主观能动性。

（五）教学方法

参观或视频教学、案例教学、启发教学、小组学习、互动讨论等。

（六）学时建议

2/48（本章建议学时/课程总学时48学时）。

教 学 过 程 及 内 容

（一）课前引导

1. 课前复习

复习回顾单层厂房设计的设计要点。

2. 课前预习

结合工业建筑认识实习，预习多层厂房设计的一般原理及方法。

（二）课程导入

通过典型人物案例，以走好技能成才、技能报国之路，导入新课。

第一节　概　　述

一、多层厂房的主要特点

1. 生产在不同标高的楼层上进行

设计时，既要考虑同一楼层各工段间的合理联系，又要处理好垂直方向的交通。

2. 节约用地，节约投资

由于多层厂房占地少，从而使地基的土石方工程量减少，屋面面积减小，相应地也减少了屋面天沟、水落管及室外的排水工程等土建费用；多层厂房占地少，厂区面积也相应减小，厂区内的铁路、公路运输线及水电等各种工艺管线的长度缩短，缩短厂区道路和管网可节约部分投资。

二、多层厂房的使用范围

多层厂房主要适用于较轻型的工业，在工艺上利用垂直工艺流程有利的工业，或利用楼层能创设较合理的生产条件的工业等，如纺织、服装、针织、制鞋、食品、印刷、光学、无线电、半导体，以及轻型机械制造及各种轻工业等。

世界著名科学家、两弹一星功勋奖章获得者钱学森："回到祖国，我做什么都可以"。

多层厂房

多层厂房的使用范围

多层厂房常用钢筋混凝土结构

三、多层厂房的结构形式

厂房结构形式的选择应结合生产工艺及层数的要求进行，多层厂房按承重结构材料可分为混合结构、钢筋混凝土结构和钢结构等类型。

1. 混合结构

混合结构的取材和施工均较方便，造价经济，保温隔热性能较好，但受力性能较差，在地震区及地基条件较差时，应慎重选用。

2. 钢筋混凝土结构

钢筋混凝土结构的构件截面较小，强度大，能适应层数较多、荷载较大、跨度较宽的需要，是我国目前采用最广泛的一种结构。

3. 钢结构

钢结构具有质量轻、强度高、施工速度快的优点，能使工厂早日投产，但造价较高。

第二节　多层厂房平面设计

多层厂房平面设计首先应满足生产工艺的要求，同时，要全面、综合地考虑运输设备和生活辅助用房的布置、基地的形状、厂房方位等对平面设计的影响。

一、生产工艺流程

按生产工艺流向的不同，多层厂房的生产工艺流程布置可归纳为自上而下式、自下而上式和上下往复式三种类型，见图13-1。

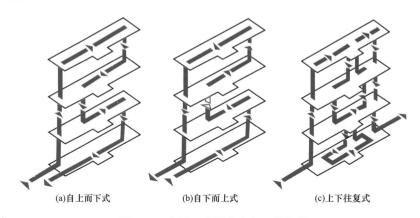

(a)自上而下式　　(b)自下而上式　　(c)上下往复式

图13-1　多层工业厂房生产工艺流程

1. 自上而下式

其特点是把原料送至最高层后，按照生产工艺流程自上而下地逐步进行加工，最后的成品由底层运出。一些进行粒状或粉状材料加工的工厂、面粉加工厂和电池干法密闭调粉楼的生产流程都属于这种形式。

2. 自下而上式

其特点是原料自底层按生产流程逐层向上加工，最后在顶层加工成成品。一些精密仪表厂的生产流程都属于这种形式。

3. 上下往复式

其特点是有上有下的一种混合布置方式，能适应不同情况的要求，应用范围广，适应性较强，是一种经常采用的布置方式。印刷厂生产工艺流程就属于这种形式。

二、平面布置形式

多层厂房生产工艺流程通常的布置方式有内廊式、统间式、套间式和混合式四种。

1. 内廊式

内廊式是指多层厂房中每层的各生产工段用隔墙分隔成大小不同的房间，用内廊把它们联系起来的一种平面形式，表现为平面上用明显的内走廊，两侧为生产工段（见图13-2）。其适用于各工段面积不大，生产上既需相互联系，又不互相干扰的工艺流程。内廊式平面布置，由于有明显的内廊和隔断墙，不易形成较大的空间，对于有大空间需求和大规模生产的工艺不适宜；它还限制了平面设置的灵活性，不利于技术改造。

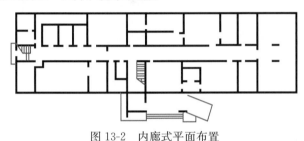

图 13-2　内廊式平面布置

2. 统间式

统间式是指多层厂房的主要生产部分集中在一个空间内，不设分隔墙，而将辅助生产工段和交通运输部分布置在中间或两端的平面形式（见图13-3）。此形式包括单跨柱网、多跨柱网，适用于生产工艺间联系密切、干扰小而又需大面积、大空间的生产工段；它有较大的通用性、灵活性，适于做成通用厂房、标准厂房。对于生产过程中的特殊工段，应考虑设置于边部或中间，结合交通统一考虑。

大宽度式统间布置：表现为厅廊结合，大小空间结合，如双廊式、三廊式、环廊式、穿套式等均属此种形式，主要适用于技术要求较高的恒温、恒湿、洁净、无菌等生产车间。

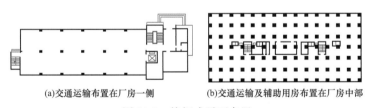

(a)交通运输布置在厂房一侧　(b)交通运输及辅助用房布置在厂房中部

图 13-3　统间式平面布置

3. 套间式

通过一个房间进入另一个房间的布置形式为套间式。其适用于有特定生产工艺要求或要求保证高精度生产正常进行（通过低精度房间进入高精度房间）的厂房。

4. 混合式

根据不同的生产特点和要求，将多种平面形式混合布置，见图13-4，使其能更好地满足生产工艺的要求，并具有

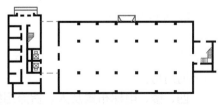

图 13-4　混合式平面布置

较大的灵活性。但其缺点是易造成厂房平、立、剖面的复杂化，使结构类型增多，施工较复杂，且对防震不利。

三、柱网

多层厂房的柱网选择应充分考虑工艺平面布置、建筑平面形状、结构形式及材料、施工可行性，以及技术、经济条件等，应符合《厂房建筑模数协调标准》（GB/T 50006—2010）的规定，并注意到选择的先进性、合理性。常见的柱网形式可概括为对称不等跨布置柱网、等跨布置柱网和大跨度柱网三种（见图 13-5）。

柱距、跨度的参数选择。

为了使厂房建筑构配件尺寸达到标准化和系列化，以利于工业化生产，在《厂房建筑模数协调标准》（GB/T 50006—2010）中对多层厂房跨度和柱距尺寸做了如下规定：

多层厂房的跨度应采用扩大模数 15M 数列，宜采用 6.0、7.5、9.0、10.5m 和 12m。厂房的柱距应采用扩大模数 6M 数列，宜采用 6.0、6.6m 和 7.2m。

内廊式厂房的跨度可采用扩大模数 6M 数列，宜采用 6.0、6.6、7.2m；走廊的跨度应采用扩大模数 3M 数列，宜采用 2.4、2.7m 和 3.0m。

多层厂房定位轴线的布置

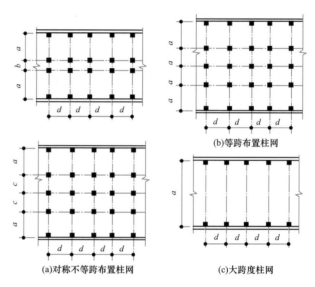

图 13-5　柱网形式

1. 对称不等跨布置柱网

对称不等跨布置是指在跨度方向沿中线对称的柱网布置形式。内廊式也是这种形式之一，能较好地适应某种特定工艺的具体要求，提高面积利用率，但厂房构件种类过多，不利于建筑工业化。

2. 等跨布置柱网

这类柱网可以是两个以上连续等跨的形式，易于形成大空间，也可用轻质隔墙分隔成小空间或改成内廊式平面。其主要适用于需要大面积布置生产工艺的厂房，如机械、仪表、电子等工业生产。一般情况下，利用底层布置机加工、仓库和总装车间，甚至可以在底层布置起重运输设备。等跨布置柱网常采用的尺寸是：柱距多为 6.0m；跨度有 6.0、7.5、9.0m 及 12m。

3. 大跨度柱网

这种柱网的跨度一般大于 9m，中间不设柱，它为生产工艺的变革提供了灵活性。楼层常采用桁架结构，桁架空间可作为技术夹层，用以布置各种管道和辅助用房。

四、楼、电梯布置及人、货流组织方式

楼、电梯作为多层厂房的交通枢纽，主要解决竖向交通运输问题。一般情

况下，以楼梯解决人流交通疏数，以电梯解决物品运输。在多层厂房建筑平面中，常常将楼、电梯集中在一起，结合生活辅助用房，形成厂房建筑的"节点"，以满足不同的使用要求和技术要求。

1. 楼、电梯的布置原则

楼、电梯的布置直接影响人、物流组织，以及生产、辅助工段的组合，对建筑造型、结构设计等其他技术问题也有影响。具体布置时应遵照如下原则：应保证厂房内部生产空间的完整，尽量在满足生产运输和防火疏散的前提下，将其布置在厂房边侧或相对独立的区段之间；正确选择参数和数量，保证人、物流通畅，尽量避免交叉。楼、电梯应与厅结合，以免拥塞；作为厂房的有机整体，应在平面布置合理的前提下，使楼、电梯间与生活间、生产车间的层高相协调，为创造完善的厂房建筑形象服务。

2. 楼、电梯的平面位置

在工程实践中，楼梯、电梯在厂房平面中大致有四种位置。①在厂房的端部，给生产工艺布置较大的灵活性，不影响厂房的建筑结构，建筑造型易于处理，适于不太长的厂房平面。②布置在厂房内部，交通枢纽部分不靠外墙，可在连续多跨的情况下，保证建筑刚度和生产部分的采光通风，该布置因无直接对外出口，交通疏散不利。③在外纵墙外侧布置，包括有连接体的独立式布置，使整个厂房生产部分开敞、灵活，结构简单，楼、电梯位置适中。④设置于厂房纵墙内侧，虽对厂房生产工艺有一定影响，但对结构整体刚度有利，也能适应内廊式平面。

3. 人、货流组织方式

结合楼、电梯的布置，人、货流有以下几种组织方式：

（1）人、货流同门进出。人、货同门进出，平行前进，互不交叉，直接通畅（见图13-6）。

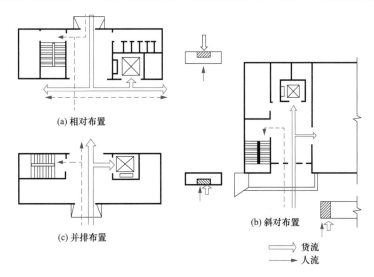

图 13-6　人、货流同门进出布置方式

（2）人、货流分门进出。人、货流线分工明确，互不交叉，互不干扰（见图13-7）。

五、生活及辅助用房布置

1. 房间的组成

多层厂房的生活间按其用途可分为三类：

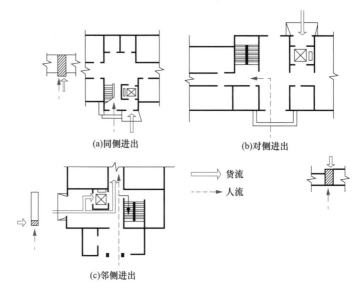

(a)同侧进出　　　　　　(b)对侧进出

⇒ 货流
--→ 人流

(c)邻侧进出

图 13-7　人、货流分门进出布置方式

（1）生活卫生用房，如盥洗室、存衣室、卫生间、吸烟室、保健室等。

（2）生产卫生用房，如换鞋室、存衣室、淋浴间、风淋室等。

（3）行政管理用房，如办公室、会议室、检验室、计划调度室等。

2. 生活间的布置原则

尽量与楼、电梯组合在一起；结合具体情况确定集中与分散布置；应与厂区、厂房的人流路线相协调、与人身净化程序相一致；不影响生产工艺布置的灵活性。

3. 生活间的位置

多层厂房生活间的位置，与生产厂房的关系，从平面布置上可归纳为以下几类：

（1）设于生产厂房内。可位于端部、中部、角部及侧面。布置在厂房内的优点是与厂房主体结构形式统一、构件类型少、构造简单、施工方便，但生活间所需空间的楼面荷载与生产车间不一致，造成空间使用上的浪费。当把生活间楼面荷载设计成与生产车间一致时，可以增加空间使用的灵活性，即工艺变更时可以移走生活间，改其为生产用房。

（2）生活间贴建于厂房外墙或独立式布置。独立结构，自成体系，可以根据需要改变层高，节约空间。通常可按生活间与生产车间层高之比为 1∶2、3∶4、2∶3 等比例关系进行错层布置，但厂房结构和施工也将会复杂些。

（3）布置在厂房不同区段的连接处。通过生活间连接厂房相对独立的各个生产单元，便于组织大规模生产的厂区，平面布局与整体造型严谨而生动。生活间的结构形式可与生产车间一致，也可按不同层高设计，自成结构体系。

4. 生产车间的位置

多层厂房的生产车间，主要根据生产车间内部生产的清洁程度和上下班人

生活间位置位于
车间内部

生活间位置位于
车间外部

生活间与车间不同
层高的布置

生活间组合方式

流的管理情况，一般可分为非通过式和通过式两种组合方式。

非通过式是人流活动不进行严格控制的房间组合方式。其适用于对生产环境清洁度要求不严的一般生产车间，如服装厂的缝制车间、玻璃器皿厂的磨花车间等。

通过式是对人流活动要进行严格控制的房间组合方式。其适用于对生产环境清洁度要求严格的空调车间、洁净车间、无菌车间等。

第三节　多层厂房剖面设计

一、层数的确定

多层厂房的层数选择，主要取决于生产工艺、城市规划、经济因素等方面。

1. 生产工艺对层数的影响

厂房根据生产工艺流程进行竖向布置，在确定各工段的相对位置和面积时，也相应地确定了厂房的层数。

2. 城市规划及其他条件的影响

多层厂房层数的确定要符合城市规划、城市建筑面貌、周围环境及工厂群体组合的要求；还要满足厂址地质条件、结构形式、施工方法及抗震等要求。

3. 经济因素的影响

层数确定通常应从设计、结构、施工、材料等多方面进行综合分析，一般而言，厂房经济层数为 3～5 层。某些厂房因为特殊生产工艺要求采用 4～5 层，出租厂房则有向更多层发展的趋势。

二、层高的确定

多层厂房的层高是指由地面（或楼面）至上一层楼面的高度。它主要取决于生产特性及生产设备、运输设备（有无吊车或悬挂传送装置）、管道的敷设所需要的空间；同时，还与厂房的宽度、采光和通风要求有密切关系。

1. 层高与生产、运输设备的关系

多层厂房在生产工艺许可的情况下，要考虑起重运输设备的影响，通常加大底层层高，在底层布置质量大、体积大和运输量繁重的设备，对特别高大的设备，通过抬高局部楼层，处理成参差层高的剖面形式。

2. 层高与采光、通风的关系

为保证多层厂房室内的照度，一般采用双面侧窗天然采光居多。当厂房宽度过大时，通过提高侧窗的高度，增加建筑层高满足采光要求。采用自然通风的车间，还应按照《工业企业设计卫生标准》（GBZ 1—2010）的规定，保证每名工作人员所占容积大于 $40m^3$。

3. 层高与管道布置的关系

生产上所需要的各种管道对多层厂房层高的影响较大。在要求恒温、恒湿的厂房中空调管道的高度是影响层高的重要因素。当需要的管道数量和种类多、布置复杂时，可在生产空间上部采用吊天棚，设置技术夹层集中布置管道。

生产工艺对层数的影响：面粉加工车间，结合工艺流程布置，确定了厂房的层数为 6 层。

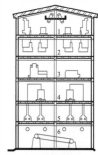

面粉加工厂剖面
1—除尘间；2—平筛间；
3—清粉间；4—吸尘、刷粉间；
管子间；5—磨粉机间；
6—打包间

管道布置在底层或顶层时，加大底层或顶层的层高，集中布置管道。

管道集中布置在各层走廊上部或吊顶层时厂房层高随之变化。

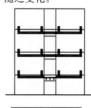

体型组合：辅助体量组合在生产体量之中，造型完整统一。

体型组合：辅助体量突出于生产体量之外，造型对比协调。

体型组合：利用交通运输部分与主要生产部分形成横竖、虚实对比。

墙面处理——水平划分：简洁明朗、舒展大方。

墙面处理——垂直划分：庄重、挺拔。

墙面处理——混合划分：生动、和谐。

4. 层高与室内空间的比例关系

除考虑生产工艺要求和经济合理外，还应适当考虑室内建筑空间的比例关系。

5. 层高与经济的关系

层高的增加会带来单位面积造价的提升，在确定厂房层高时，应从经济角度予以具体分析。我国多层厂房目前常采用 3.9、4.2、4.5、4.8、5.1、5.4、6.0m 等几种层高。

第四节　多层厂房体型及立面设计

多层厂房体型及立面设计应符合生产工艺要求，同时符合建筑造型的一般原理，综合考虑建筑空间布置、群体组合、突出项目自身的功能空间及环境要素特质以统一的空间建构、色彩构成等处理手法来强化其自身风格的整体性、增强工业厂房外部空间环境的可识别性和亲和力，使厂房的外观形象和生产使用功能、物质技术应用达到有机的统一，塑造简洁、朴素、明朗、大方又富有变化的艺术形象。

一、体型组合

多层厂房的体型，一般由主要生产部分、生活办公辅助用房、交通运输三部分体量组成。生产部分往往体量大，造型上起着主导作用。辅助部分体量小，两者配合得当，和谐统一。多层厂房交通运输部分，常将楼梯、电梯或提升设备组合在一起，利用其体量的高度，在构图上与主要生产部分形成强烈的横竖对比，改善墙面的单调感，使整个厂房产生高大、挺拔、富有变化的效果。

二、墙面处理

多层厂房的墙面处理应根据厂房的采光、通风、结构、施工等各方面的要求，处理好墙面虚与实的关系。墙面虚与实的关系可以通过不同材质的对比形成，也可通过立面凹凸及阴影效果产生；其次，多层厂房的墙面处理还应掌握不同的立面划分手法。一般常见的处理手法有垂直划分、水平划分和混合划分。

三、入口处理

多层厂房突出入口常用的处理方法是采用门斗、雨篷、花格、花台等来丰富主要出入口，也可把垂直交通枢纽和主要出入口组合在一起，在立面做竖向处理，使之与水平划分的厂房立面形成鲜明对比，以达到突出主要入口，使整个立面获得生动、活泼又富于变化的目的。

第五节　有特殊要求的厂房

由于现代科学技术的不断发展，一些产品的精密度要求越来越高，对厂房建筑提出了新的要求。

一、空气调节

对于需要空气调节的车间，在平面设计时，尽可能布置朝北，减少太阳辐射热，并将这些车间集中布置，以减少外围护结构，有利温、湿度的保持和管道的缩短。

二、净化

洁净室的装修及构造处理，应着重考虑满足防尘要求。例如，地面要求采用有高度抗磨能力、平滑易清洁、不易引起静电效应的材料，如塑料板地面、橡皮地面、铸铝格栅地面等。洁净室墙面要选用光洁不易起尘的材料。门、窗构造要求能有效隔绝室外大气灰尘渗透，采用密闭性好的构造处理。

三、电磁屏蔽

屏蔽室即为隔绝（或减弱）室内或室外电磁波干扰的房间。屏蔽室的布置首先应考虑远离干扰源。在多层厂房中，屏蔽室尽量设在底层。当测试大型对象时（如汽车等），可采用大面积屏蔽室。测试对象较小时，可采用笼式屏蔽室。

四、建筑防振

厂房的防振措施基本上分为两类：一类是积极隔振，是对产生振源的机器设备采取合理的隔振和消振措施，这种措施是将有动荷载的机器设备用弹性及阻尼大，高强耐久的材料或其他弹性体与地基隔离开，从而达到防振目的。另一类为消积防振，如人行车流等的振动，由于振源范围广，振动情况多变，无法进行积极隔振措施，只能在生产车间或精密设备本身采取一些隔振措施。

五、防噪声

防噪声的基本措施，是对噪声源进行处理，使噪声经消声处理后，得到减弱，低到国家提出的噪声容许标准，这种办法称为积极防噪声措施。其次是采取各种阻滞或干扰噪声的传导，使噪声在传递中加以隔离、反射或吸收，称为消极防噪措施。

课 后 拓 展 学 习

多层厂房绿色节能环保知识。

教 学 评 价 与 检 测

评价依据：理论测试题。

（1）生产工艺对多层厂房设计的影响有哪些？

（2）多层厂房常采用的柱网类型有哪些？

（3）多层厂房生活间的布置注意哪些问题？

（4）有特殊要求的厂房其特殊性主要表现在哪些方面？

附　　　录

1.1　多层教学楼设计

1.1.1　设计题目：多层教学楼

该工程为某中学拟建的多层教学楼，其功能为学校提供日常教学活动，以及进行有关课程实践教学的场所。

1.1.2　设计条件

1. 建筑层数

1～4 层。

2. 建筑物房间组成和使用面积

（1）50 人左右的普通教室 55～60m²，共 12 间。

（2）音乐教室 55～60m²，乐器室 15～20m²，各 1 间。

（3）美术教室约 90m²，美术器材室约 30m²，各 1 间。

（4）物理实验室 75～90m²，实验准备室 30～40m²，各 1 间。

（5）生化实验室 75～90m²，实验准备室 30～40m²，各 1 间。

（6）50 人外语听音室约 120m²，控制室约 20m²，各 1 间。

（7）计算机房 80～90m²，1 间。

（8）阅览室约 40m²，1 间。

（9）科技活动室约 40m²，1 间。

（10）150 人阶梯形教室（150～180m²），1 间。

（11）教务办公室（15～30m²），共 6 间。

（12）会议室（35～50m²），1 间。

（13）教师休息室约 30m²，教具存放室 10m²，每层 1 间。

（14）值班室 15～20m²，1 间。

（15）杂物存放室 15～20m²，1 间。

（16）厕所：每层设男女厕所各一间。

（17）门厅、走廊、楼梯等根据需要设计（门厅按 0.04～0.08m²/生）。

3. 自然条件（可根据当地情况自拟）

（1）气象条件。常年主导风向为东北风，基本风压为 650N/m²，年最高温度为 39℃，最低温度为 4℃。

（2）地质条件。用地地形平缓，地下水位标高约为 4m，无侵蚀性。

4. 结构类型

现浇钢筋和混凝土框架结构或砖混结构。

5. 抗震设防

抗震设防烈度为 7 度。

1.1.3　设计要求

（1）遵循教学规律和特点进行合理的功能分区，流线组织要求明确便捷，空间组合紧凑，总体布局合理。

（2）管理方便，各功能空间互不干扰；各个房间采光通风良好，与周围环境融为一体。

（3）适当运用现代建筑造型手段和建筑构图规律，创造新颖、活泼，有现代感的建筑形象。

（4）熟悉有关教学楼建筑设计规范要求。

1.1.4　设计内容及要求（具体要求见附录一中 1.4）

（1）各层平面图（底层、标准层、顶层平面图，比例为 1∶100）。

（2）屋顶平面图（1∶100）。

（3）立面图（正立面、侧立面各一个，比例为 1∶100）。

（4）剖面图（一个，比例为 1∶100）。

（5）门窗明细表和设计说明。

1.1.5　主要参考资料

（1）《建筑设计资料集》（第三版）。

（2）《中小型民用建筑图集》。

（3）《中小学校设计规范》（GB 50099－2011）。

（4）《房屋建筑制图统一标准》（GB/T 50001－2017）。

（5）《建筑设计防火规范》（GB 50016－2014）（2018 版）。

1.2　多层单元式住宅楼设计

1.2.1　设计题目：多层单元式住宅楼

该设计为城市型住宅，位于城市居住小区或工矿住宅区内。

1.2.2　设计条件

1. 建筑层数

4～5 层。

2. 面积指标

平均每套建筑面积为 80～120m²。

3. 套型及套型比

由设计者自定。

4. 层高

3000mm。

5. 房间组成及要求

（1）居室。包括卧室和起居室。各居室间分区独立，不相互串通。其面积不宜小于下列规定：主卧室 14m², 单人卧室 9m², 起居室 20m²。

（2）厨房。每户独用，房内设案台、灶台、洗池等（燃料：煤气、天然气自定）。

（3）卫生间。每户独用，设蹲位、淋浴（或盆浴）及洗脸盆。

（4）阳台。每户设生活阳台和服务阳台各一个。

（5）贮藏设施。根据具体情况设搁板、吊柜、壁龛、壁柜等。

6. 自然条件（可根据当地情况自拟）

（1）气象条件。常年主导风向为东北风，基本风压为 650N/m²，年最高温度为 39℃，最低温度为 4℃。

（2）地质条件。用地地形平缓，地下水位标高约为 4m，无侵蚀性。

7. 结构类型

现浇钢筋混凝土框架结构或砖混结构。

8. 抗震设防

抗震设防烈度为 7 度。

1.2.3　设计要求

（1）遵循居住使用要求及特点进行合理的功能分区，流线组织要求明确便捷，空间组合紧凑，总体布局合理。

（2）使用方便，主次分明；各个房间采光通风良好。

（3）适当运用现代建筑造型手段和建筑构图规律，创造新颖、活泼，有现代感的建筑形象。

（4）熟悉有关住宅楼建筑设计规范要求。

1.2.4　设计内容及要求（具体要求见附录一中 1.4）

（1）各层平面图（底层、标准层、顶层平面图，比例为 1∶100）。

（2）屋顶平面图（1∶100）。

（3）立面图（正立面、侧立面各一个，比例为 1∶100）。

（4）剖面图（一个，比例为 1∶100）。

（5）门窗明细表和设计说明。

1.2.5　主要参考资料

（1）《建筑设计资料集》（第三版）。

（2）《中小型民用建筑图集》。

（3）《住宅设计规范》（GB 50096—2011）。

（4）《房屋建筑制图统一标准》（GB/T 50001—2017）。

（5）《建筑设计防火规范（2018 版）》（GB 50016—2014）。

1.3　多层办公楼设计

1.3.1　设计题目：某市局办公楼

该工程为某市局拟建的办公楼，其功能为该市局提供日常办公活动、举办各类小型学术报告的场所。

1.3.2　设计条件

1. 建筑层数

4～6 层。

2.　建筑物房间组成和面积

（1）办公室 $15\sim30m^2$，共 30 间。

（2）小会议室 $35\sim50m^2$，2 间。

（3）中会议室 $90\sim100m^2$，2 间。

（4）大会议室 $180\sim240m^2$，1 间。

（5）接待室 $40\sim60m^2$，4 间。

（6）档案室 $20\sim30m^2$，2 间。

（7）阅览室 $100\sim120m^2$，1 间。

（8）文印室 $20\sim30m^2$，1 间。

（9）值班室 $15\sim20m^2$，1 间。

（10）杂物存放室 $15\sim20m^2$，1 间。

（11）厕所盥洗室应满足内部使用要求，每层设男女厕所各一间。

（12）门厅、走廊、楼梯等根据需要设计。

3. 自然条件（可根据当地情况自拟）

（1）气象条件。常年主导风向为东南风，基本风压为 $650N/m^2$，年最高温度为 $39℃$，最低温度为 $4℃$。

（2）地质条件。用地地形平缓，地下水位标高约为 4m，无侵蚀性。

4. 结构类型

现浇钢筋混凝土框架结构或砖混结构。

5. 抗震设防

抗震设防烈度为 7 度。

1.3.3　设计要求

（1）空间组合合理，主次分明，交通流畅，采光通风良好。

（2）在满足结构与构造要求下，适当运用现代建筑造型手段和建筑构图规律，创造新颖、活泼，有现代感的建筑形象。

（3）熟悉有关办公楼建筑设计规范要求。

1.3.4　设计内容及要求（具体要求见附录一中 1.4）

（1）各层平面图（底层、标准层、顶层平面图，比例为 1∶100）。

（2）屋顶平面图（1∶100）。

（3）立面图（正立面、侧立面各一个，比例为 1∶100）。

（4）剖面图（一个，比例为 1∶100）。

（5）门窗明细表和设计说明。

1.3.5　主要参考资料

（1）《建筑设计资料集》（第三版）。

（2）《中小型民用建筑图集》。

（3）《办公建筑设计标准》（JGJ/T 67－2019）。

（4）《房屋建筑制图统一标准》（GB/T 50001－2017）。

（5）《建筑设计防火规范（2018 版）》（GB 50016－2014）。

1.4 设计指导、要求及评分标准

房屋建筑学设计任务是学生学习房屋建筑学课程后的综合训练的教学环节，它是帮助学生消化和巩固所学教材内容、培养学生的实际工作能力的重要教学环节，是知识深化、拓宽教学内容的重要过程。

通过设计任务，着重培养学生综合分析和解决问题的能力，培养学生独立工作的能力，以及严谨、扎实的工作作风和事业心、责任感。使学生能够运用已学过的建筑空间环境设计的理论和方法进行一般的建筑工程设计，进一步理解建筑设计的基本原理，了解设计的步骤、方法与过程。

1.4.1 目的与要求

1. 目的

（1）通过设计能达到系统巩固并扩大所学的理论知识与专业知识，使理论联系实际。

（2）在教师的指导下能独立解决有关工程的建筑施工图设计问题，并能表现出有一定的科学性与创造性，从而提高设计、绘图、综合分析问题与解决问题的能力。

（3）了解在建筑设计中，建筑、结构、水、暖、电各工种之间的责任及协调关系，为走上工作岗位，适应我国工程建设需要打下良好的基础。

2. 要求

学生应严格按照指导教师的安排有组织、有秩序地进行本次设计。在教师辅导下，学生自行进行设计。

1.4.2 设计内容及深度

在选定的设计方案基础上，进行建筑施工图设计，具体内容如下：

1. 施工图首页

建筑施工图首页一般包括图纸目录、设计总说明、总平面图、门窗表、装修做法表等。总说明主要是对图样上无法表明的和未能详细注写的用料和做法等内容做具体的文字说明。

2. 建筑平面图

建筑平面图包括底层平面图、标准层平面图、顶层平面图，比例为 1∶100，应标注如下内容：

（1）外部尺寸。如果平面图的上下、左右是对称的，一般外部尺寸标注在平面图的下方及左侧，如果平面图不对称，则四周都要标注尺寸。外部尺寸一般分三道标注：最外面的一道是外包尺寸，表示房屋的总长度和总宽度；中间一道尺寸表示定位轴线间的距离；最里面一道尺寸，表示门窗洞口、门或窗间墙、墙端等细部尺寸。底层平面图还应标注室外台阶、花台、散水等尺寸。

（2）内部尺寸。包括房间内的净尺寸，门窗洞、墙、柱、砖垛和固定设备（如厕所、盥洗、工作台、搁板等）的大小、位置及墙、柱与轴线的平面位置尺寸关系等。

（3）纵、横定位轴线编号及门窗编号。门窗在平面图中，只能反映出它们的位置、数量和洞口宽度尺寸，窗的开启形式和构造等情况是无法表达的。每个工程的门窗规格、型号、数量都应有门窗表说明，门代号用 M 表示，窗代号用 C 表示，并加注编号以便区分。

（4）标注房屋各组成部分的标高情况。如室内、外地面、楼面、楼梯平台面、室外台阶面、阳台面等处都应当分别注明标高。楼地面有坡度时，通常用箭头加注坡度符号表明。

（5）从平面图中可以看出楼梯的位置、楼梯间的尺寸、起步方向、楼梯段宽度、平台宽度、栏杆位置、踏步级数、楼梯走向等内容。

（6）在底层平面图中，通常将建筑剖面图的剖切位置用剖切符号表达出来。

（7）建筑平面图的下方标注图名及比例，底层平面图应附有指北针表明建筑的朝向。

（8）建筑平面中应表示出各种设备的位置、尺寸、规格、型号等，它与专业设备施工图相配合供施工等用，有的局部详细构造做法用详图索引符号表示。

3. 屋顶平面图

比例为 1∶100，应表明屋面排水分区、排水方向、坡度、檐沟、泛水、雨水水落口、女儿墙等的位置。

4. 建筑立面图

包括正立面图、侧立面图，比例为 1∶100，反映出房屋的外貌和高度方向的尺寸。

（1）立面图上的门窗可在同一类型的门窗中较详细地各画出一个作为代表，其余用简单的图例表示。

（2）立面图中应有三种不同的线型：整幢房屋的外形轮廓或较大的转折轮廓用粗实线表示；墙上较小的凹凸（如门窗洞口、窗台等），以及勒脚、台阶、花池、阳台等轮廓用中实线表示；门窗分格线、开启方向线、墙面装饰线等用细实（虚）线表示。室外地坪线可用比粗实线稍粗一些的实线表示，尺寸线与数字均用细实线表示。

（3）立面图中外墙面的装饰做法应有引出线引出，并用文字简单说明。

（4）立面图在下方中间位置标注图名及比例。左右两端外墙均用定位轴线及编号表示，以便与平面图相对应。

（5）表明房屋上面各部分的尺寸情况，如雨篷、檐口挑出部分的宽度、勒脚的高度等局部小尺寸；注写室外地坪、出入口地面、勒脚、窗台、门窗顶及檐口等处的标高。数字写在横线上的是标注构造部位顶面标高，数字写在横线下的是标注构造部位底面标高（如果两标高符号距离较小，也可不受此限制）。标高符号位置要整齐，三角形大小应该标准、一致。

（6）立面图中有的部位要画详图索引符号，表示局部构造另有详图表示。

5. 建筑剖面图

用一个横剖面图来表示房屋内部的结构形式、分层及高度、构造做法等情况，比例为 1∶100，具体要求为：

（1）外部尺寸有三道：第一道是窗（或门）、窗间墙、窗台、室内外地面高差等尺寸；第二道尺寸是各层的层高；第三道是总高度。承重墙要画定位轴线，并标注定位轴线的间距尺寸。

（2）内部尺寸有两种：地坪、楼面、楼梯平台等标高；所能剖到部分的构造尺寸。必要时，需注写地面、楼面及屋面等的构造层次及做法。

（3）表达清楚房屋内的墙面、顶棚、楼地面的面层，如踢脚线、墙裙的装饰和设备的配置情况。

（4）剖面图的图名应与底层平面图上剖切符号的编号一致；与平面图相配合，也可以看清房屋的入口、屋顶、天棚、楼地面、墙、柱、池、坑、楼梯、门、窗等各部分的位置、组成、构成、用料等情况。

1.4.3　几项具体规定

（1）图纸使用 1 号图纸或 2 号图纸。

（2）门窗统计表，见附表1-1。

附表 1-1　　　　　　　　　　　　　　门 窗 统 计 表

类别	代号	标准图代号	洞口尺寸（mm）		数量（樘）		备注
			宽	高	一层数量	合计	
门							
窗							

（3）装修部分除用文字说明外，还可采用表格形式，填写相应的做法或代号，见表附表1-2。

附表 1-2　　　　　　　　　　　　　　装 修 统 计 表

类别	装修构造简图及做法	部位			
		起居室	卧室	厨房	卫生间
墙面					
地面					
楼面					
屋面					
顶棚					
墙裙					

（4）要进行合理的图面布置（包括图样、图名、尺寸、文字说明及技术经济指标），做到主次分明、排列均匀紧凑、线型分明、表达清晰、投影关系正确，符合制图标准。

（5）绘图顺序，一般是先平面，然后剖面、立面和详图；先画图，后注写尺寸和说明。一律采用工程字体书写标注。

1.4.4　设计图纸评分标准

设计图纸评分标准共分为以下五级：

优：按要求完成全部内容，建筑构造合理，投影关系正确，图面工整，符合制图标准，整套图纸无错误。

良：根据上述标准有一般性小错误，图面基本工整，小错误在5个以内。

中：根据上述标准，没有大错误，小错误累计在8个以内，图面表现一般。

及格：根据上述标准，一般性错误累计9个以上者，或有一个原则性大错误，图面表现较差。

不及格：有两个以上原则性大错误，例如：①定位轴线不对；②剖面形式及空间关系处理不对；③结构支承搭接关系不对；④建筑构造处理不合理；⑤图纸内容不齐全；⑥平立剖面及详图协调不起来；⑦重要部位投影错误等。

附录二 外墙身节点大样设计任务书

在完成前期建筑设计任务的基础上，绘制外墙身节点大样图。按建筑制图标准规定，绘制外墙身节点详图，如附图 2-1 所示。要求按顺序将节点详图自下而上布置在同一垂直轴线（即墙身定位轴线）上。

2.1 墙脚和地坪层构造设计内容及要求

画出墙身、勒脚、散水或明沟、防潮层、室内外地坪、踢脚板和内外墙面抹灰，剖切到的部分用材料图例表示，比例为 1:10。

用引出线注明勒脚做法，标明勒脚高度；用多层构造引出线注明散水或明沟各层做法，标注散水或明沟的宽度、排水方向和坡度值；表示出防潮层的位置，注明做法；用多层构造引出线注明地坪层的各层做法；注明踢脚板的做法，标注踢脚板的高度等尺寸；标注定位轴线及编号圆圈，标注墙体厚度（在轴线两边分别标注）和室内外地面标高。

2.2 窗台构造设计内容及要求

画出墙身、内外墙面抹灰、内外窗台和窗框等，比例为 1:10。

用引出线注明内外窗台的饰面做法，标注细部尺寸，标注外窗台的排水方向和坡度值；按开启方式和材料表示出窗框，表示清楚窗框与窗台饰面的连接；用多层构造引出线注明内外墙面装修做法；标注定位轴线，标注窗台标高（结构面标高）。

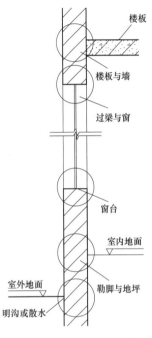

附图 2-1 外墙大样图示例

2.3 圈梁和楼板层构造设计内容及要求

画出墙身、内外墙面抹灰、圈梁、窗框、楼板层和踢脚板等，比例为 1:10。表示出圈梁的断面形式，标注有关尺寸；用多层构造引出线注明楼板层做法，表示清楚楼板的形式，以及板与墙的相互关系；标注踢脚板的做法和尺寸；标注定位轴线，标注圈梁底面（结构面）标高和楼面标高，注写图名和比例。

各种节点的构造做法很多，可以任选一种做法绘制。图中必须标明材料做法、尺寸。图中线条、材料符号等，均按建筑制图标准表示。字体工整，线型粗细分明。

附录三　楼梯设计任务书

在完成前期建筑设计任务的基础上，按建筑制图标准规定，绘制楼梯平面图、剖面图及踏步、栏杆等详图，比例为 1∶50。

3.1　楼梯平面图设计内容及要求

要求画出房屋底层、中间层和顶层三个平面图，如附图 3-1 所示。表明楼梯间在建筑中的平面位置及有关定位轴线的布置；表明楼梯间、楼梯段、楼梯井和休息平面形式、尺寸、踏步的宽度和踏步数，表明楼梯走向；各层楼地面的休息平台面的标高；底层平面图还应绘出室外台阶或坡道、部分散水的投影等。在底层楼梯平面图中注出楼梯垂直剖面图的剖切位置及剖视方向等。

标注两道尺寸线。开间方向第一道包括细部尺寸，包括梯段宽、梯井宽和墙内缘至轴线尺寸；第二道包括轴线尺寸。进深方向第一道包括细部尺寸，包括梯段长度、平台深度和墙内缘至轴线尺寸；第二道包括轴线尺寸。内部标注楼层和中间平台标高、室内外地面标高，标注楼梯上下行指示线，并注明该层楼梯的踏步数和踏步尺寸。

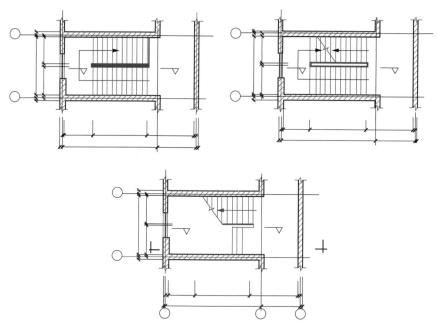

附图 3-1　楼梯平面图示例

3.2　楼梯剖面及节点详图设计内容及要求

在多层房屋中，若中间各层的楼梯构造相同时，则剖面图可只画出底层、中间层（标准层）和顶层，中间用折断线分开；当中间各层的楼梯构造不同时，应画出各层剖面。楼梯剖面图应注明各楼楼层面、平台面、楼梯间窗洞的标高、踢面的高度、踏步的数量及栏杆的高度，如附图 3-2 所示。

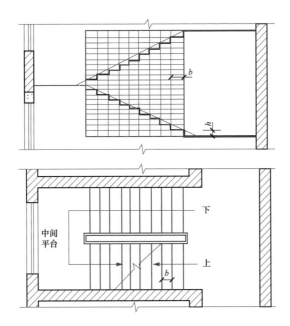

附图 3-2 楼梯剖面图绘制示例

楼梯节点详图应表明其尺寸、用料、连接构造等。

附录四 屋顶平面图设计任务书

在完成前期建筑设计任务的基础上，按建筑制图标准规定，绘制屋顶平面图和屋顶节点详图，比例为 1∶100。

4.1 屋顶平面图设计内容及要求

要求画出各坡面交线、檐沟或女儿墙和天沟、水落口和屋面上人孔等，刚性保护层屋面还应画出纵横分格缝。要求标注屋面和檐沟或天沟内的排水方向和坡度值，标注屋面上人孔等凸出屋面部分的有关尺寸，标注屋面标高（结构上表面标高）；标注各转角处的定位轴线和编号；外部标注两道尺寸（即轴线尺寸和水落口到邻近轴线的距离或水落口的间距）；标注详图索引符号；注写图名和比例。

4.2 屋顶节点详图设计内容及要求

4.2.1 檐口构造

（1）采用檐沟外排水时，表示清楚檐沟板的形式、屋顶各层构造、檐沟处的防水处理，以及檐沟板与圈梁、墙、屋面板之间的相互关系，标注檐沟尺寸，注明檐沟饰面层的做法和防水层的收头构造做法。

（2）采用女儿墙外排水或内排水时，表示清楚女儿墙压顶构造、泛水构造、屋顶各层构造和天沟形式等，注明女儿墙压顶和泛水的构造做法，标注女儿墙的高度、泛水高度等尺寸。

（3）采用檐沟女儿墙外排水时要求同（1）、（2）。用多层构造引出线注明屋顶各层做法，标注屋面排水方向和坡度值，标注详图符号和比例，剖切到的部分用材料图例表示。

4.2.2 泛水构造

画出高低屋面之间的立墙与低屋面交接处的泛水构造，表示清楚泛水构造和屋顶各层构造，注明泛水构造做法，标注有关尺寸，标注详图符号和比例。

4.2.3 水落口构造

表示清楚水落口的形式、水落口处的防水处理，注明细部做法，标注有关尺寸，标注详图符号和比例。

屋顶平面图及详图绘制和某别墅三层及屋面图绘制示例如附图 4-1 和附图 4-2 所示。

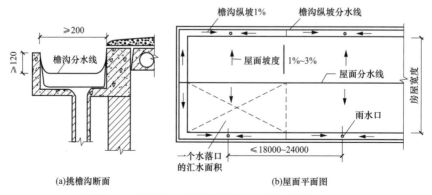

附图 4-1 屋顶平面图及详图绘制示例（单位：mm）

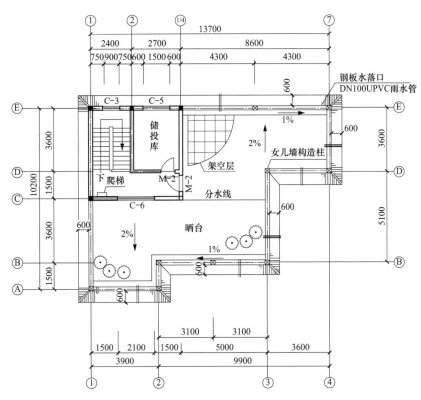

附图 4-2 某别墅三层及屋面图绘制示例（单位：mm）

参 考 文 献

［1］ 李必瑜，王雪松. 房屋建筑学. 武汉：武汉理工大学出版社，2021.

［2］ 李必瑜，魏宏扬，谭琳. 建筑构造（上册）. 北京：中国建筑工业出版社，2019.

［3］ 刘建荣，翁季，孙雁. 建筑构造（下册）. 北京：中国建筑工业出版社，2019.

［4］ 西安建筑科技大学等七院校. 房屋建筑学. 北京：中国建筑工业出版社，2017.

［5］ 中国建筑工业出版社，中国建筑学会. 建筑设计资料集. 三版. 北京：中国建筑工业出版社，2017.

［6］ 李国豪，等. 中国土木建筑百科辞典·建筑. 北京：中国建筑工业出版社，2009.